水光互补系统
优化调度与经济运行

郑 源　潘 虹　谢 俊　黄显峰◎著

河海大学出版社
HOHAI UNIVERSITY PRESS
·南京·

图书在版编目(CIP)数据

水光互补系统优化调度与经济运行 / 郑源等著. --
南京 ：河海大学出版社，2022.12(2023.7 重印)
ISBN 978-7-5630-7859-2

Ⅰ. ①水… Ⅱ. ①郑… Ⅲ. ①水力发电一电力系统调度一研究②太阳能发电一电力系统调度一研究 Ⅳ. ①TM73

中国版本图书馆 CIP 数据核字(2022)第 245759 号

书　　名	水光互补系统优化调度与经济运行 SHUIGUANG HUBU XITONG YOUHUA DIAODU YU JINGJI YUNXING
书　　号	ISBN 978-7-5630-7859-2
策划编辑	金　怡
责任编辑	陈丽茹
特约校对	李春英
装帧设计	徐娟娟
出版发行	河海大学出版社
地　　址	南京市西康路 1 号(邮编:210098)
网　　址	http://www.hhup.com
电　　话	(025)83737852(总编室)　(025)83722833(营销部)
经　　销	江苏省新华发行集团有限公司
排　　版	南京布克文化发展有限公司
印　　刷	苏州市古得堡数码印刷有限公司
开　　本	718 毫米×1000 毫米　1/16
印　　张	12.5
字　　数	217 千字
版　　次	2022 年 12 月第 1 版
印　　次	2023 年 7 月第 2 次印刷
定　　价	88.00 元

前言

Preface

构建以风电、光伏等新能源为主体的新型电力系统是实现“碳达峰、碳中和”目标的重要手段。就光伏发电而言，由于其自身固有的随机性、间歇性和不可储存性等特征，直接接入电网对电网安全稳定会造成影响，而水电能源具有调节速度快、能源可存储的优点。因此，构建水光互补系统，将光伏发电接入梯级水电站打捆送至电网，有利于平抑风光出力波动性和电网的稳定运行，可以实现大规模清洁能源的开发利用，是响应国家“双碳”政策、进行能源改革的切实途径。

水光互补系统的调度与运行是保证电网安全稳定运行的重要研究课题。为确保电力实时优化调度与合理分配，需要考虑源网荷储各个环节灵活性资源的统筹调度，需要考虑光伏出力的不确定性，需要应对复杂多样的调度场景，需要解决多时间尺度非连续可行域的智能调度问题。为应对上述问题，本书结合大数据技术、机器学习方法等前沿技术，分析水光互补系统多元协同运行状态，深入研究不同运行模式，为水光互补系统的优化调度与经济运行提供新型技术途径。

全书共分9章，第1章阐述了水光互补系统中长期优化调度、短期优化调度、水电站负荷分配的研究进展；第2章阐述了水光互补系统的出力计算方法，分析多时间尺度的水光互补特性与水光互补机理；第3章建立了光伏出力场景聚类与缩减分析模型，实现了高维光伏出力样本数据的特征描述与提取；第4章建立了多目标函数的水光互补系统中长期优化调度模型，并提出一种大系统分解协调优化算法，实现了水光互补系统短期调度与中长期调度的协同考虑；第5章阐述了水光互补系统中水库调度图的绘制方法与应用策略，为水光互补实际运行调度提供技术支撑；第6章建立了水光互补系统短期优化调度模型，重点阐述了多目标函数的水光互补系统调峰运行模型，并提出了两种改进参数优化算法；第7章建立了基于改进动态规划方法的水电站负荷分配模型，并提出了基于真机运行数据和改进长短期神经网络的水轮机流量特性曲线拟合方法；第8章讨论了四种数据驱动的水电站的负荷分配模型及求解方法；第9章总结了水光互补系统优化调度与经济运行的发展现状与趋势。

本书相关研究内容主要来源于作者承担的国家重点研发计划“基于时空大数据的梯级水电站智能调度与优化运行”（2019YFE0105200）、中国电建集团贵阳勘测设计研究院有限公司的“澜沧江西藏段千万千瓦清洁能源基地建设水光互补关键技术研究（一期）”课题的最新研究成果，并在工程实践中获得了应用。

在本书的撰写过程中，郑源教授负责全书大纲的拟定与审定工作，并负责第1、2、9章的撰写工作。潘虹副教授负责全书的统稿和定稿，并负责第6、7章的撰写工作。谢俊教授负责第3、8章的撰写工作。黄显峰副教授负责第4、5章的撰写工作。郑晓楠参与了第1、2、6、9章的撰写工作，并负责全书的校订和插图绘制工作。格桑央拉、吴志远、颜山凯参与了第4、5章的撰写工作。罗正亮、冯方参与了第6、7章的撰写工作。包长玉参与了第3、8章的撰写工作。书中的部分内容在研究过程中得到了相关单位、企业以及有关专家、同仁的大力支持，在此一并表示衷心的感谢。

水光互补系统优化调度与经济运行的理论和方法在实际工程应用中不仅与源端有关，更受电网调度、荷端等较多因素影响，其研究与应用任重而道远。由于作者水平有限，书中不当之处在所难免，恳请广大专家、同行和读者批评指正。

目录

Contents

第 1 章
绪论

1.1 研究背景与研究意义

能源是当今社会高效发展与进步的首要基础，关乎国家发展前进的命脉，在各国战略性物资的排行中，能源的重要性无可替代。随着生产力快速发展，传统能源如煤炭、石油等在快速构建社会底层经济结构的同时，也会加剧全球温室效应，带来环境危机。近些年能源学术界开始不断地把重点放在可再生新能源的开采、利用以及同传统能源相结合后可构建的多能互补配套能源输出系统上，逐渐完善、体系化的新能源科学技术以及多能互补技术将成为世界各国构建各自能源领域板块的重要部分；同时，愈发成熟的可再生能源理论与应用体系也有助于世界各国成为该领域内的领导者与规则制定者。到 2021 年底为止，全球可再生能源装机容量达 306 393 万 kW，新增装机容量达 25 666 万 kW，与 2020 年基本持平。

我国现在依旧是世界上最大的发展中国家，随着经济社会的迅猛发展，能源供应和结构问题越来越突出。为了维持社会发展与环境保护之间的平衡，必须寻找一条绿色的可持续发展道路。在我国“十四五”规划中，明确规定了要努力实现生产方式的绿色转变，资源配置更为恰当、转化使用率明显提高，对生态环境有污染的物质排放总量不断减少，生活质量不断提升，并确立了“3060”实现“双碳”伟大战略目标的蓝图。

自 2006 年《中华人民共和国可再生能源法》实行以来，可再生能源发展飞速。水电能源作为我国大力发展的主要清洁能源之一，近些年来在我国能源发电中占比已逐步提升。截至 2021 年 6 月，全国装机容量已达至 3.78 亿 kW，其中抽水蓄能装机已有 3 214 万 kW，比重逐年上升。针对 2021 年 9 月前水电发展特点，国家能源局做出相应总结，水电装机规模总增长幅度有所下降，全国新增水电并网容量已有 1 436 万 kW，全国总装机规模可达 3.84 亿 kW；我国规模以上电站总发电量同比下跌 0.9%，截至 2021 年夏季末我国发电量为 9 090 亿 kW·h；主要流域内水能利用率可达 97.6%，同比往年增长 1.5 个百分点，而在弃水电量上，相较往年可减少 112.0 亿 kW·h。

随着太阳能发电规模化发展和技术进步，发电成本逐步减少，光伏发电也发展迅速，且其经济性远超化石能源发电。我国光伏发电将进入平价时代，预计 2025 年光伏度电成本将降至 0.3 元/(kW·h)左右。预计到 2035 年、2050 年，光伏发电度电成本将分别降至 0.2 元/(kW·h)、0.13 元/(kW·h)。根据 2021 年国家能源局发布的数据，截至 2021 年夏季末，我国水电、光伏发电等其他能源装机容量合计达 10.1 亿 kW，占电力系统总装机容量的比重达 44.1%；同期我国光伏新增装机 2 556 万 kW，光伏电站与分布式光伏分别为 915 万 kW、1 641万 kW，全国光伏总装机可达 2.78 亿 kW；从地域分布特性上看，新增装机增幅最大地区为我国的华北、华东与华中地区，分别为 44%、19%与 17%；全国光伏发电量 2 489 亿 kW·h，同比增长 24.0%，利用率可达 98.0%。

但是，单一的新型清洁能源，以光伏为例，其输出功率具有明显的波动性、随机性和间歇性的特点，大范围、大规模光伏发电的并网会对电网原本稳定运行的状态产生明显的影响。同时，因为光能不具备可大规模储存的特点，导致在可再生能源发电过程中易出现较为严重的弃风、弃光现象，资源利用率低。据统计，2018—2020 年，全国平均弃光率依次为 6%、3%、2%，造成了严重的能源削减和经济损失。这严重限制了光伏大规模的发展。

而水电机组因其具备出力过程稳定、可快速启停、变负荷调节速率快以及对电网需求负荷的快速响应等特点被广泛应用于电力系统电网调峰调频中，用以平抑风能、光能并网时所带来的负荷波动性与运行非稳定性，是一种理想、稳定、优质的调峰电源。水力发电与光伏等其他形式的可再生能源所构建的多能互补调度，是提高可再生新能源消纳利用率、电力系统运行稳定性与安全性的全新思路；可充分发挥梯级水电站群的潜在调峰能力，有效削减电网剩余负荷峰谷差与波动特性；这对于优化我国能源结构，兼顾新能源消纳需求，破解资源限制约束而言具有重要的研究意义。另外，针对新能源大规模并网难题，水电站作为电力系统中的优质调峰资源，优化水电站调度运行，对保证电力系统经济有效运行也有重要意义。综上所述，利用多种能源的出力特性进行相互补充，降低发电的波动幅度，提高出力可靠性，是响应国家政策、进行能源改革的切实途径。

多能互补的形式有多种，如水风互补、水光互补、风光互补、风光水互补以及水光蓄互补等，其中水光互补是应用最广泛的互补形式之一。在水光互补发电系统中，光伏能源所具备的出力随机、间歇等特性，使得针对电站或机组层的发电计划的编制愈发困难，传统的发电计划编制方法已难以满足电网与电站的实际运行需求；同时，随着电站运行安全性与稳定性的提升，在机组实际运行中越来越强调机组平稳运行，避免高频穿越振动区或机组出力大幅度波动，追求在机组负荷分配方面实现经济性与安全性的双赢。因此，具有调节能力的水电站或水电站群如何更好地对其周边的光伏电站发电进行调节，如何更好地实现水电站负荷在水光互补模式下的经济分配，对于水光互补的运行特性、互补机理、调度模型、调度策略以及光伏对水电站运行的影响等问题的研究，亟须深入探讨和解决。

1.2 国内外研究进展

1.2.1 水光互补系统研究进展

水光互补作为近些年来多能互补领域内的重要研究方向，其互补机理简要概括为水电利用其调节能力弥补光电，光电利用其发电量补足水电。即一方面水电作为可快速调节输出负荷的优质能源，可利用其灵活的负荷爬升能力去弥补光伏出力本身所具有的波动性、随机性、间歇性的缺陷，满足电网基本发电负荷需求。另一方面，水电本身承担着主要的电网调峰功能，同时为满足下游用水需求须保证一定下泄流量，这就使得枯期来水量较为匮乏的水电站相应的发电、泄流压力较大；而光伏能源发电量充足，在水光互补系统当中，可依据光伏发电集中在白天时段的特点，合理分配水资源，在光伏承担电网主要发电任务的同时将水能进行储存，增强水电灵活调峰能力，平滑水光输出曲线，实现水光并网下电力能源的稳定输出。

国外针对多能互补尤其是水光互补的研究开展较早，主要研究方向集中于将抽蓄电站与分布式光伏电站相结合建立水光互补联系，并且在系统容量配置上更倾向于小规模的互补系统，应用场景偏显单一。C. P. Delgado-Antillón 等研究学者结合了孤岛运行模式的特点，提出考虑电力储存量、功率损失、预期未供应电量等多目标函数下的嵌入配电系统的水光互补模型。Akbar Maleki 等学者旨在利用基于水光互补下的微电网来改善偏远地区的能源电力供应安全，提出稳定场景下基于气象预测改善微电网性能，并采用混合整数线性规划模型求解。Francois B 等学者采用两组指标分析不同时间尺度上阿尔卑斯山脉地区水光能源组合的互补性。Kanzumba Kusakana 提出将小型水光互补系统应用于南非农场当中以减少传统的柴油发电所带来的能源成本。Yanxue Li 等学者对基于抽蓄与分布式光伏下的水光互补系统进行技术经济评估，模拟了考虑技术经济约束、供电比例以及余荷持续时间下模型的经济性能，探讨光伏最大发电能力与峰值负荷之比对光伏消纳率的影响。

相较国外，我国对水光互补领域的研究起步较晚。早期开发的光伏发电系统基本上是独立运行的孤网系统，并网运行的光伏发电系统比较少。我国最早建成的并网光伏电站是西藏羊八井（10 MWp）电站，典型的并网发电项目还有北京天普太阳能示范大厦（50 kWp）、深圳国际园林花卉博览园（1 MWp）、国家体育馆（10 MWp）、首都博物馆（新馆）（30 MWp）、苏南硕放国际机场（80 MWp）等，这些项目装机容量较小，且不进行电网调峰，所以对大系统的影响很小。

近些年在国家政策的大力推动下相应的支撑研究技术得到了快速的发展，我国第一个大型水光互补项目——龙羊峡水光互补电站也已投入运行。目前在国内水光互补领域的研究中，主要研究方向除了国外所考虑的分布式光伏下的水光互补，还包括在我国西南、西北等地区大规模集中式光伏与水电能源所组成的水光互补系统研究；同时随着大规模光伏资源产业的开发，为保证光伏并网下电力资源的稳定输出，研究热点主要集中于水光互补优化调度等方面，旨在通过水电能源灵活的调节能力增加互补系统所带来的经济收益，或提高光伏消纳率、促进电力系统安全运行，在一定程度上平抑大规模光伏并网所带来的电力系统不稳定性，通常在构建水光互补模型时，考虑到的主要优化目标有联合系统收益最大、余荷波动性最小、负荷偏差最小等。

为减小光伏入网时给电网负荷带来的波动，朱燕梅、陈仕军等研究学者采用分阶段波动控制策略，结合嵌套优化模型对多目标下的水光互补系统进行调度求解。在此基础上，针对部分地区光伏随机性较强的特征，朱燕梅等学者继续提出基于电量波动比下的水光互补日内调度模型，综合考虑了光伏出力的局部、全局、固有变化特性，采用粒子群算法进行求解。Zhencheng Deng等研究学者提出基于水光混合装机容量比下的远距离水光互补系统，探讨不同混合装机容量比下远距离输电经济性。王子伊、王玮等人从水光互补实时控制的角度，提出基于经验模态分解下的抽蓄机组平抑光伏波动策略，并以系统出力与计划出力偏差最小为优化目标，确保水光系统联合出力对计划出力的平稳跟踪。万家豪、苏浩等人从源荷匹配适应性的角度，从光伏消纳率、渗透率等角度采用秩相关系数与尾部相关系数对光伏等新能源的互补性进行评价。同时，为进一步提升水光互补系统调峰能力，明波、黄强等研究学者基于模拟优化的思想，针对龙羊峡电站建立了调峰能力最大的水光互补模型。陈文伯在此基础上，建立基于发电量最大与余荷曲线波动最小的多目标水光互补模型，采用布谷鸟算法进行模型求解。刘涛在此基础上考虑了梯级水光互补及梯级负荷分配，引入同步调峰策略，基于典型场景进行水光互补研究。

1.2.2 水电站中长期优化调度研究进展

水光互补系统的核心是利用水电快速灵活的调节能力，平抑光伏出力波动性，提升互补发电系统输电质量以及多种能源的综合利用效率。依据调度时段，水光互补系统大致可分为长期(月/旬)调度和短期(日/时)调度。长期调度通常以保证互补系统在长时间运行中效益最优为目标，为短期调度提供兼顾系统长远效益的边界条件。

水光互补系统的长期调度，通过利用太阳能和水能资源的季节性分布互补性，进而提高系统在长期调度过程中的发电效益。通常以提高水光互补系统的整体发电量、发电保证率以及降低发电成本为目标。例如，Yang等以系统的发电保证率和发电量最大化为目标，建立了确定性水光互补优化调度模型，指导水光互补长期运行，并基于隐随机优化方法，将各时段末的可用能量和水库库容分别作为自变量和决策变量，提取了水光互补发电系统的长期调度规则。Singh和Banerjee建立了以发电成本最小为目标的水、火、光互补发电系统的长期优化调度模型，并嵌套了短期优化调度模块，能够有效降低发电成本，但随着光伏出力渗透率的增加，发电成本降低幅度相应减小。李芳芳等提出了大型水光互补电站发电量最大和互补出力波动性最小的确定性多目标优化模型，针对龙羊峡水光互补系统，提出了典型水文年的优化调度策略，为互补系统的长期运行提供了技术指导。李贺等建立了兼顾总发电量和保证率最大化的多目标模型，并开发了同时考虑流量和光伏功率输出不确定性的长期随机优化方法。Opan 等研究了以发电量最大为目标的长期优化调度，经过比对几种具有典型代表的运行情景，初步表明互补发电系统性能，较独立发电系统得到显著提升。除了考虑经济方面的目标，刘为峰等在对水光系统优化调度研究中，纳入了水电站对河流生态系统的影响，建立了以总发电量最大、最小出力最大、年度比例流量偏差最小为目标的水、光长期多目标优化调度模型，运行结果显示水光发电系统发电效益与水电站下游河流生态效益之间存在显著竞争关系。但是，一般情况下长期调度决策并不能直接用于指导发电系统的调度运行，其目的是为短期调度提供能够兼顾系统长远效益的边界条件，保证发电系统在长时间运行中效益相对较优。

1.2.3 水电站短期优化调度研究进展

短期调度通常基于长期调度提供的水量或电量控制边界来指导电站运行，一般以保证电网、电源安全稳定，平抑光伏出力波动性等为目标。与中长期不同，时间尺度越短，光伏随机性和间歇性特征越显著。为使得出力更加平稳，电力系统将光伏发电和水电等能源一起打捆输送至电网。常规大型水电站调蓄能力强，在调节电网峰荷、平滑光锯齿形出力曲线等方面更加有效，能够输出更加稳定的联合出力过程。目前，短期互补调度的目标主要集中于出力波动性最小、新能源利用率最大、耗水量最小、运行成本最低等方面。为保证电网的稳定高效运行，通常要尽可能地减小发电系统出力波动并使得出力尽量靠近负荷变化过程。

王现勋以系统总出力波动最小为目标建立了水光互补的双层调度模型，以填补逐时出力波动，以及降低日内峰谷差异。王开艳针对由电、抽水蓄能、水电和火电组成的互补系统协调运行问题，加入了并入电网后负荷波动最小的目标。赵珍玉等通过梯级水电站长期调度与短期调度的嵌套，在长期优化调度中考虑风电的短期反调峰特性。钱梓锋等以水光互补在负荷高峰时段总出力最大为目标函数，综合考虑各种约束条件的水光互补日间调度模型。Fang 提出了风水互补调度的三种新型运行模式的日调度方案，揭示了在 ADL(All-day lifting scenario)、DTL(Daytime lifting scenario)和 PPL(Peak-load period lifting scenario)三种模式下水光的日内互补运行特点，研究论证了 ADL 和 DTL 方案更具备经济竞争力，PPL 方案更利于系统安全稳定运行。张歆蒴考虑到电源侧出力与电网侧负荷的匹配度，建立了以最大源荷匹配度为目标的水光互补短期调度模型。另外，为增加新能源的接入比例，王学斌以光出力消耗比例最大为目标建立了互补调度模型，通过合理的水电调度提高新能源的消纳率。Apostolopoulou 提出了以水电弃水量最小和各时段的发电水头之和最大为目标的水光互补短期多目标优化调度模型，结果表明该模型获得的优化调度策略优于与每个水电站的最大容量成比例的调度策略。

此外，在算法和模型求解上，明波等建立调峰能力最大的数学模型，提出基于模拟优化思想的模型求解方法。魏宏阳通过改进萤火虫算法对所建立的水光互补联合发电模型进行求解，验证了该算法的实用性；丁航利用模拟退火粒子群优化算法对所建立的水光互补短期调度优化模型进行多目标问题求解，并基于实例验证了模型和算法的有效性；郭田潇针对水光互补条件下龙羊峡水库的出库流量特性，提出了一种梯级水电站短期优化运行策略及龙羊峡适应性调度策略。王新奇主要考虑了互补系统调峰能力，并对非线性约束适当线性化，降低求解难度；张扬科对区域光伏功率短期预测、不同形式的水电站与区域光伏的互补性分析及梯级水电站与光伏电站的短期互补调度等方面进行了研究；马靖宇等建立了水光互补系统收益、损失以及负荷曲线匹配度的多目标短期调度模型，并通过改进 NSGA-Ⅱ算法求解。

1.2.4　水电站负荷分配研究进展

水电机组负荷分配，旨在充分发挥水库潜力、充分提升电站管理能力、充分提高电站发电效益，又成为厂内经济运行、保证电网稳定健康运行的重要举措。在调度中心下达调峰或调频任务后，水电机组自动发电控制系统根据一定的控制方法将负荷分配至电站各机组，这一过程主要包括机组特性曲线拟合和负荷分配两个主要环节。

1.2.4.1　水轮机组特性曲线拟合

水电站厂内经济运行首先需要根据机组的流量特性曲线计算出机组在当前水头和流量下相应的出力，或当前水头和出力下，机组对应的耗水量，然后才可以进行下一步的工作。因此，机组流量特性曲线拟合精度对水电站厂内经济运行的整个过程来说具有重要的意义，是影响机组负荷分配结果的重要因素。

许多学者针对此问题已经进行了较多的研究。王立闯等采用三次样条曲线对水轮机模型综合特性曲线进行拟合；薛小明利用三次样条插值法和Delphi7.0实现了特性曲线的鼠标点击采集；刘志鹏采用三次序号参变量样条磨光法拟合水轮机的各种特性曲线，避免了最小二乘法拱高过大的问题；王宜怀等研究了基于主曲线的拟合方法，对各种特性曲线用以投影指标为自变量的统一表达式进行计算；孙佳祥等根据实验结果，构造水轮机效率和流量的关系式，模拟出水轮机的各种特性曲线。Skjelbred等研究了水轮机效率曲线的样条非线性插值，并在水电站日前调度中表现良好；Aggidis等提出了一种将水轮机原型试验数据自动转换为效率曲线的方法。

随着近几年机器学习的迅猛发展，同时也衍生出了多种机器学习方法，有不少学者将其与特性参数拟合等方面的问题相结合，并取得了不错的效果。吴嵌嵌、黄贤荣等利用径向基神经网络扩展和拟合水轮机特性曲线，对已知数据点进行拟合，并在测试数据上得到了良好的表现；李俊益等采用BP神经网络方法，对水轮机的力矩和流量特性进行实时仿真，具有一定的参考性；刘东等提出了一种利用输入-输出参数来修正水轮机模型的方法，具有一定的可靠性。

1.2.4.2 水电机组负荷分配

水电机组负荷分配是水电站厂内经济运行中最关键的步骤，对该问题的求解可以得到电站机组的最优组合、最优启停方式、最优负荷分配等结论，故国内外学者针对这一重要问题进行了深入的研究与探索。

常用的求解方法主要以启发式算法当中的局部寻优法、优先顺序法，数学优化算法当中的动态规划、等微增率法、拉格朗日松弛法以及Benders分解法等为主，还有近些年被广泛应用的混合整数线性规划模型(Mixed Integer Linear Programming，MILP)。而其中动态规划作为应用马尔科夫链进行计算求解的方法，因其具备全局寻优、可针对非凸、非线性问题求解的特点，在早期的水电机组负荷分配优化过程中被广泛应用。但随着计算规模逐步扩大，机组台数与负荷分配过程中约束条件的增加，传统的动态规划算法在求解水电机组负荷分配过程中的计算复杂度呈指数趋势上升，应用劣势逐渐凸显。针对动态规划在计算过程中运行效率低下，重复遍历数据库的缺陷，沈圣、黄炜斌等在动态规划的基础上，从求解结构上将动态规划分为时间最优与空间最优进行顺序求解，有效降低求解维数。冯仲恺、程春田等在此基础之上，将动态规划方法结合均匀正交实验设计，筛选出具有强代表性的变量，有效地将空间、时间的复杂度由指数级别增长维数降至线性与平方增长。但动态规划及其相关改进方法在面临多维度数据的大量输入时,仍易出现算法求解时间长、占用资源高的问题。

在水电机组负荷分配优化方面,近些年国内外研究热点主要集中在针对负荷分配算法的应用创新、机组运行振动区的规避等方面。智能优化算法作为对自然演变、寻优过程模拟的算法,因其具有必备基础理论知识少、应用范围广与求解速度快等优势,近些年被广泛应用于多维度下的系统快速性决策当中,水电机组负荷分配的常用方法有遗传算法、粒子群算法以及蚁群算法等。但不同智能算法亦具备各自劣势,若能将不同算法间的独特优势进行耦合,在某些场景下有利于加快算法寻优过程。陈国青在负荷分配过程中采用改进粒子群算法,加入"交叉"操作,结合动态惯性权重策略,可使粒子有效跳出局部最优解。Carolina Gil Marcelino 等学者采用基于高斯搜索下的珊瑚礁优化算法,在单个种群中通过高斯搜索细化寻优过程,结合差分进化算法等其他智能算法的变异策略,可有效使得算法跳出局部最优解。江岳春等通过更换线性迁移模型、引入差分算法变异策略进行生物地理学算法的改进,有效地对风水互补系统中水电负荷分配进行优化。Qian Cheng、Bo Ming 等将布谷鸟算法与传统动态规划进行耦合操作,分别从机组组合与相应出力分配方面进行水电机组负荷分配的优化。可以看出,通过对智能算法进行改进,耦合其他传统智能算法或数学优化算法中的某些操作,可对水电机组负荷分配过程中最优解的搜寻起到一定程度的帮助。

在水电机组负荷分配过程中,为考虑机组运行安全性与稳定性,合理地进行机组避振操作,需确定机组振动区,并在运行中尽可能地使机组规避此区域运行,或控制振动区穿越频次,从而通过提升机组安全性来实现水电机组负荷分配优化。在水电机组振动区的相关研究当中,传统的方式是在模型求解过程中采用惩罚函数增加机组在振动区的运行代价,从而实现避振运行;但随着现如今机组台数、约束条件的增多,采用惩罚函数的方式无法保证模型求解精度,负荷分配最优解质量下降。于是王嘉阳、王永强等研究学者通过数学集合思想与集合运算相关理论,在确定机组组合的情况下,通过不同机组间的振动区集合关系,构建机组组合振动区,并采用耦合智能优化算法与动态规划的模型进行求解。程春田等针对具备多边形不规则振动区的水电机组,提出采用 Hertel-Mehlhorn 凸剖分算法,剔除机组振动区后对机组运行安全区进行几何划分,并结合凸优化理论将负荷分配过程中的非线性约束转换为线性约束，最后采用商业求解软件 Gurobi 进行负荷分配优化求解。杨秀媛、樊新东等针对水电机组在运行中可能出现的振动区穿越情况，从机组运行策略的角度，提出主动避振控制与主动穿越控制策略；通过判断机组升降功率运行模式，主动调节机组出力，避免机组在振动区中运行。余意、伍永刚等通过提出机组振动区穿越风险系数，判断不同组合下可能的振动区穿越风险，并设定风险系数约束筛选机组组合，以此彻底规避运行过程中可能的振动区穿越现象，最后采用双层动态规划算法进行模型求解计算。

第 2 章 水光互补系统出力特性分析

光伏具有显著的间歇性、波动性和不确定性，水能和光能互补特性及机理分析是挖掘水光互补关系的前提。本章阐述了光伏出力的计算模型以及不同时间尺度下水光互补特性，并在此基础上挖掘水光日内、月内及年内等不同时间尺度的互补机理。

2.1 水光出力计算

(1) 水电出力计算

水电站将水能转化成电能，然后输送至电网。水电站出力是指发电机组出线端送出的功率，与水轮机和发电机效率、发电流量以及发电水头有关，采用公式(2.1.1)进行计算。

$$N_t^h = \eta Q_t H_t \tag{2.1.1}$$

式中：N_t^h 是第 t 个时段的水电站出力；η 是水电站的出力系数；Q_t 是第 t 个时段的水电站发电流量，即通过水电站水轮机的流量；H_t 是第 t 个时段的水电站发电的发电水头。

(2) 光伏出力计算

太阳能是指太阳内部连续不断的核聚变反应过程产生的能量，通常采用到达地面的太阳辐射来表征太阳能资源。太阳能受地理因素(纬度、海拔、地形条件等)、天文因素(太阳常数、太阳高度角等)以及太阳辐射穿过大气层衰减程度的影响，不同区域、不同时间段的表现规律不尽相同。随着地球的公转和自转，日内以及年内的太阳辐射变化具有周期性。对于具体的研究区域，通常根据辐射实际情况，基于统计方法确定其概率分布模型。其中，常用的高斯分布模型的概率密度函数为：

$$f(r)=\frac{1}{\sqrt{2\pi}\sigma}\exp\left[-\frac{(r-\mu)^2}{2\sigma^2}\right] \tag{2.1.2}$$

式中：r 为辐射强度；μ 为高斯分布的期望值；σ 为标准差。

2.2 多时间尺度的水光互补特性

水能和光能互补特性分析是研究水光互补机理的前提，也是指导光伏电站和水电站规划选址、调度运行的关键依据。对于互补性的研究方法主要分为两类：第一类研究是通过不同能源间的相关分析对其互补性进行评价；第二类研究是模拟互补系统的调度运行方式，通过评价互补系统的综合表现判断不同能源间的互补特性。对其互补性进行评价的常用指标包括水光互补后出力特征、经济收益、运行风险等。

本书从水光资源的相关性及水光发电出力互补性两方面分析水光互补特性。研究在年内、月内及日内的时间尺度下，采用水光资源的相关系数来衡量水光资源间的相关程度，采用出力波动指标衡量水光互补后光伏波动性被平抑的水平，采用光伏消纳率指标衡量水光互补后的光伏消纳程度，采用水光互补系统资源综合利用率衡量水光互补后混合系统的水光资源被利用的程度。

2.2.1 水光资源的相关性

同一地理区域的径流和辐照资源都受降雨和温度的影响，因此它们具有一定的相关性。通过分析水光资源序列间的相关性，可客观评价资源间的互补特性。相关性一般用相关表、相关图及相关系数来反映，前两者虽可反映两个变量之间的相关方向及其相互关系，但无法准确地表达两个变量之间相关的程度。故采用相关系数度量径流量和辐照量之间的相关程度。相关系数包括 Kendall 秩相关系数、Pearson 相关系数和 Spearman 相关系数等。

采用 Pearson 系数作为相关性指标，分析在年内、月内、日内不同时间尺度下水光资源的相关性，如式(2.2.1)所示。

$$\gamma = \frac{\sum_{i=1}^{n}(W_t - \overline{W})(H_{et} - \overline{H_e})}{\sqrt{\sum_{i=1}^{n}(W_t - \overline{W})^2}\sqrt{\sum_{i=1}^{n}(H_{et} - \overline{H_e})^2}} \tag{2.2.1}$$

式中：γ 为 Pearson 相关系数，为无量纲指标；t 为时段索引，根据所选时间尺度的不同，时段间隔可分别代表 1 小时、1 天、1 个月；W_t 为第 t 个时段的径流量，m^3；n 为实测出力序列个数；$\overline{W}$ 为实测径流量的平均值，m^3；H_{et} 为第 t 个时段的辐照量，kW · h/m^2；$\overline{H_e}$ 为实测辐照量的平均值，kW · h/m^2。

Pearson 相关系数的数值在区间[−1,1]之间变化，当其数值为正数时，变量间正相关，当其数值为负数时，则变量间负相关。其数值的绝对值越大，变量间的相关性越强。通常情况下通过以下取值范围判断变量的相关强度：当 Pearson 相关系数数值的绝对值在 0.8～1.0 区间时，两变量属极强相关，在 0.6～0.8 区间时属强相关，在 0.4～0.6 区间时属中等程度相关，在 0.2～0.4 区间时属弱相关，在 0.0～0.2 区间时属极弱相关或无相关。

2.2.2　水光发电出力互补性

由于气候气象因素变动、局部地理地形因素复杂、机组工况不一等多因素综合作用，光伏出力具有很强的波动性、随机性和间歇性。光伏波动性的出力特征导致光伏消纳困难，弃电现象严重，水光互补系统的水光资源利用率低下。水电能源具有启停速度快、能源可存储等优点，能有效缓解新能源出力波动给电力系统带来的冲击。本书从光伏出力波动性被平抑、光伏电量被消纳、水光互补系统的水光资源被利用水平三个维度介绍出力波动性指标、光伏消纳率指标及水光资源综合利用率指标，表征水光发电出力的互补特性。

(1) 波动性指标

目前，针对水光出力过程多采用一阶差分、离差系数、方差、标准差、频率分布、拐点、斜率等指标或变形组合指标，或从数量角度如差分、标准差等，或从出力过程形状角度如转角、斜率等方面定量评估水光出力的波动性；同时，不同时间尺度下的光伏出力的波动性也并不一致。从年内、月内、日内三种时间尺度下分析水光出力的波动性，通常通过联合出力与单独出力的波动性指标对比进行水光能源互补性分析。刘永前基于出力波动量建立了实时互补性评价指标，实现准确表征水光出力的互补特性，为此，采用出力波动量来衡量水光出力的互补性，分别计算水光互补出力、水电出力、光伏出力及所有出力叠加波动量，根据水光联合出力波动量对比各单独出力波动量的下降比例反映互补性的大小，如式(2.2.2)所示：

$$\begin{cases} d_t^{h,p} = \left| N_{t+1}^{h,p} - N_t^{h,p} \right| \\ d_t^h = \left| N_{t+1}^h - N_t^h \right| \\ d_t^p = \left| N_{t+1}^p - N_t^p \right| \\ d_t^c = \left| N_{t+1}^{h,p} + N_{t+1}^h + N_{t+1}^p - N_t^{h,p} - N_t^h - N_t^p \right| \\ C_r = 1 - \dfrac{1}{T} \sum\limits_{t=1}^{T} \dfrac{d_t^c}{d_t^{h,p} + d_t^h + d_t^p} \end{cases} \tag{2.2.2}$$

式中：$N_t^{h,p}$、N_t^h 和 N_t^p 分别为第 t 个时段的水光合计出力、水电出力和光伏出力；$d_t^{h,p}$、d_t^h、d_t^p 和 d_t^c 分别为水光互补出力、水电出力、光伏出力和所有出力叠加在 $t+1$ 时段的出力值对比 t 时段的波动量；C_r 为水光互补出力波动量对比各单独出力波动量的下降比例，代表互补性，C_r 越大则互补性越大。

（2）光伏消纳指标

采用光伏消纳率作为表征光伏消纳程度的指标，如式(2.2.3)所示。从年内、月内、日内三种时间尺度下分析光伏的消纳程度。

$$\alpha_t^p = \frac{W_{a,t}^p}{W_t^p} \tag{2.2.3}$$

式中：α_t^p 为在第 t 个时段的光伏消纳率，%；$W_{a,t}^p$ 为在第 t 个时段的光伏消纳电量，kW·h；W_t^p 为第 t 个时段的光伏电量，kW·h。

（3）水光资源综合利用指标

针对新能源大规模并网难题，水电站作为电力系统中的优质调峰资源，协助开展兼顾新能源消纳需求和水资源综合利用需求的水电站调度运行研究对电力系统经济运行具有重要意义。在水光互补系统中，水资源高效利用和光伏消纳之间存在矛盾关系，采用水光资源综合利用率分析水光互补系统水光资源被利用的程度，如式(2.2.4)、式(2.2.5)所示。

$$\alpha^{hp} = \frac{\sum\limits_{t=1}^{T} \sum\limits_{i=1}^{I} (\alpha_{i,t}^h E_{i,t}^h) + \sum\limits_{i=1}^{T} \alpha_t^p E_t^p}{\sum\limits_{t=1}^{T} \sum\limits_{i=1}^{I} E_{i,t}^h + \sum\limits_{i=1}^{T} E_t^p} \tag{2.2.4}$$

$$\alpha_{i,t}^{h}=1-\frac{W_{di,t}^{h}}{W_{i,t}^{h}} \tag{2.2.5}$$

式中：α^{hp} 为水光互补系统的水光资源综合利用率，%；$\alpha_{i,t}^{h}$ 为在第 t 个时段第 i 个梯级水电站的水量利用率，%；$E_{i,t}^{h}$ 为在第 t 个时段第 i 个梯级水电站的水电电量，kW・h；E_{t}^{p} 为在第 t 个时段的光伏总电量，kW・h；$W_{di,t}^{h}$ 为在第 t 个时段第 i 个梯级水电站的弃水量，m^3；$W_{i,t}^{h}$ 为在第 t 个时段第 i 个梯级水电站的坝址径流量，m^3；I 为梯级水电站总数；T 为实测出力序列个数。

2.3　多时间尺度的水光互补机理分析

本书主要以梯级水电站与光伏电站互补系统为例，阐述多时间尺度的水光互补机理。根据水光能源在资源上的天然互补优势以及对年调节水库调节能力、水电出力特性、光伏出力特性的综合分析，充分发挥水库的调节作用，年调节水库运行方式尽量与光伏年内出力特性、月内出力特性及日内出力特性协调，达到水光互补优化调度的目标。

2.3.1　水光日内互补机理

水光日内互补利用基地水库日调节能力和机组快速响应能力，跟踪光伏逐时出力，平抑光伏日内变化，在水电日内出力平衡基础上，进行日内水光互补。

水光互补出力为梯级水电出力和光伏出力的即时出力之和，如式(2.3.1)所示。

$$N_{m,d,t}^{h,p}=N_{m,d,t}^{h}+N_{m,d,t}^{p} \tag{2.3.1}$$

式中：$N_{m,d,t}^{h,p}$ 为水光互补系统第 m 月第 d 天第 t 个时段的水电与光伏的互补出力，MW；$N_{m,d,t}^{h}$ 为水光互补系统第 m 月第 d 天第 t 个时段的水电出力，MW；$N_{m,d,t}^{p}$ 为水光互补系统第 m 月第 d 天第 t 个时段的光伏出力，MW；$t=1,\cdots,T$，T 是调度周期时段数，$T=24$。

t_1时段为水光互补出力超出电网通道的时段，假设调度方式按照弃光不弃水规则运行，即弃光时段，该时段超出通道的弃光出力称为需调出力，如式(2.3.2)所示，弃光电量称为需要调节的光伏电量(以下称为“需调”)，如式(2.3.3)所示。

$$N_{m,d,t}^{na}=\begin{cases}0, & N_{m,d,t}^{h,p}<N_{m,d,t}^{c}\\ N_{m,d,t}^{h,p}-N_{m,d,t}^{c}, & N_{m,d,t}^{h,p}>N_{m,d,t}^{c}\end{cases} \tag{2.3.2}$$

$$G=\sum_{t=1}^{T}N_{m,d,t}^{na}\Delta t \tag{2.3.3}$$

式中：$N_{m,d,t}^{na}$ 为水光互补系统第 m 月第 d 天第 t 个时段的需调出力，MW；$N_{m,d,t}^{c}$ 为水光互补系统第 m 月第 d 天第 t 个时段的通道容量，MW；G 为水光互补系统日需调，kW·h；Δt 为计算步长，1 h。

t_2时段为水光互补出力未超出输电通道的时段，该时段水电出力距离水电出力上限的可增加的出力部分称为可以调节的水电出力，但在 t_2有的时段，水光叠加出力占据通道后的输电通道裕度小于可以调节的水电出力，剩余输电能力无法满足可以调节的水电出力的大小，这时输电通道裕度作为实际可调出力。且相应的电量称为可以调节的水电电量(以下称为“可调”)。

可调出力是指某日通道裕度和水电裕度的较小值。通道裕度为水光互补系统日内各时段通道的剩余空间之和，水电裕度是指水光互补系统日内各时段梯级水电的剩余出力空间之和，如式(2.3.4)所示。日可调为可调出力对应的电量，如式(2.3.5)所示。

$$N_{m,d,t}^{ca}=\min(N_{m,d,t}^{cr},N_{m,d,t}^{hr}) \tag{2.3.4}$$

$$F=\sum_{t=1}^{T}\min[N_{m,d,t_{\max}}^{h}-N_{m,d,t}^{h}、N_{m,d,t}^{c}-(N_{m,d,t}^{h}+N_{m,d,t}^{p})]\Delta t \tag{2.3.5}$$

式中：$N_{m,d,t}^{ca}$ 为水光互补系统第 m 月第 d 天第 t 个时段水电出力的可调出力，MW；$N_{m,d,t}^{hr}$ 为第 m 月第 d 天第 t 个时段的水电出力裕度，MW；$N_{m,d,t}^{cr}$ 为第 m 月第 d 天第 t 个时段的通道裕度，MW；$N_{m,d,t_{\max}}^{h}$ 为第 m 月第 d 天第 t 个时段的水电出力上限，MW；F 为水光互补系统日可调电量，kW·h；$\Delta t=1$ h；$T=24$。

水光互补即利用水电易调节性能，通过减少 t_1时段的水电出力，腾出一定输电通道给光伏，使得光伏“需调”电量得到最大化的消纳利用，同时通过增加 t_2时段的水电出力，保持调度期内的水电电量平衡。

自然条件会导致水电、光伏出力差异。水光叠加的情况分为四种，分别是：

(1) 日需调大于日可调，即 $G>F$。此时水电出力较大(一般为汛期)，水光叠加后超出通道的出力较多，通过对水电出力过程进行调整，可消纳掉一部分超出通道的光伏出力，但由于水电自身可调空间的限制，在遵循水电日电量守恒的原则下，光伏不能完全消纳。如图 2.3.1 所示。

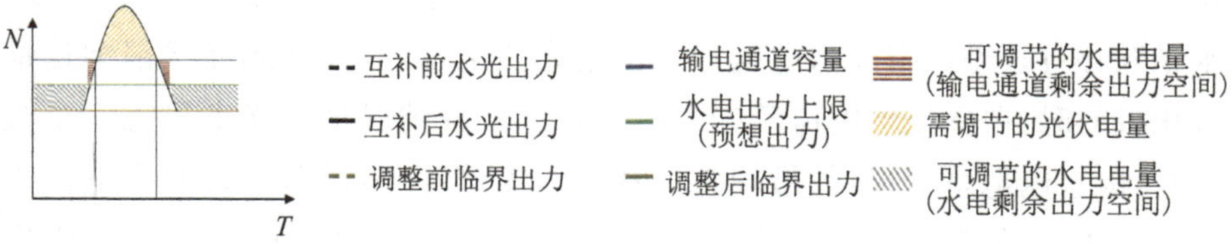

图 2.3.1　日需调大于日可调

(2) 日可调大于日需调，即 $G<F$。通过调整一日之内水电出力过程，在水光互补出力超出通道的时段，水电降低出力，超过通道的光伏出力完全消纳。在其余时段，水电加大出力，维持水电日电量守恒。如图 2.3.2 所示。

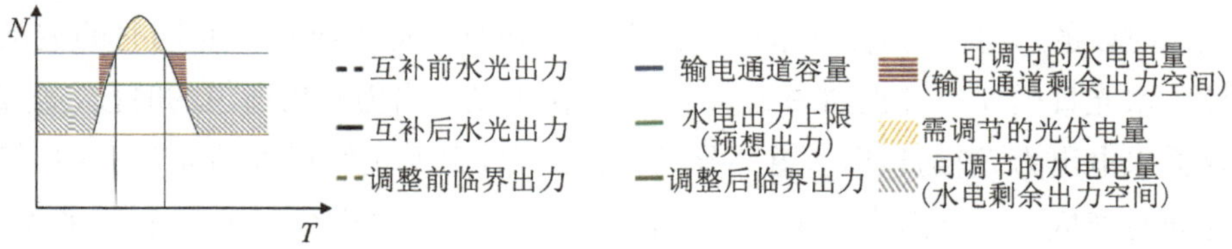

图 2.3.2　日可调大于日需调

(3) 无日需调，即 $G=0$。由于水光叠加后的出力没有超出通道，即使不水光互补，仍旧能被全部消纳。这种情况一般出现在典型年枯期，如图 2.3.3 所示。

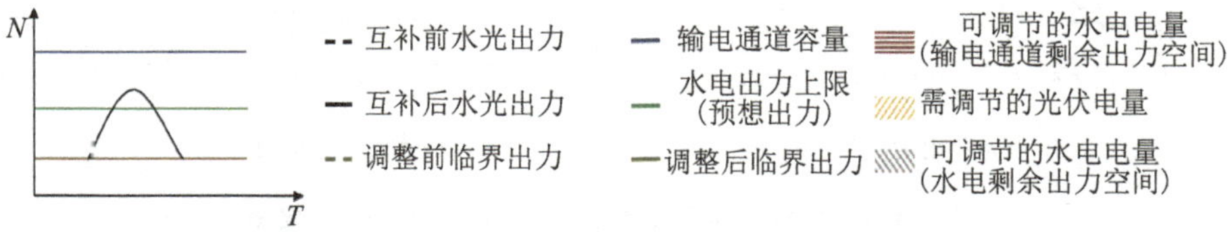

图 2.3.3　无弃光

(4) 需调等于可调，即 $G=F$。日内需调节的光伏电量和可调节的电量相等，通过水库对光伏的补偿调节，在白天光伏出力大时，水电降低出力，在晚上光伏出力小时，水电加大出力，维持水电日电量平衡。日内互补可以既不产生弃光，又维持水电日电量平衡。第 1、2 种情况一般出现在典型年汛期，第 3 种情况一般出现在典型年枯期，所以弃光主要出现在汛期水电出力大的时候。为了增大光伏有效发电量，汛期水光互补优化调度是关键。当出现第1种情况时，为了减少弃光量，需调整水电出力大小，随着水电出力变小，可调变大，需调变小，当达到需调小于等于可调时，代表调度期内无弃光电量。水光互补过程是以损失水电电量来消纳光伏电量，故在达到光伏消纳量最大化目的时，要保证水电电量损失最小。第2种情况虽弃光电量能完全被消纳，但水电电量受损，故最理想的状态为需调等于可调，这时的水电出力能在光伏消纳量达到最大化的前提下，保证水电电量损失最小，即临界出力。

水光日内互补即在光伏出力高峰时段，当水光互补出力超出输电通道时发生弃光，需减小水库发电流量，降低该时段的水电出力，将该时段水光互补出力整体降低，原超出通道的光伏出力回落至通道以内，由弃光变为可并网的光电，即为被水电消纳的光电；在光伏出力低峰段，增加水库发电流量，加大该时段的水电出力，保证水电出力平衡的同时平抑光电单独并网时的波动性。水光日内互补过程如图 2.3.4 所示，在水光总出力超出通道的时段，通过降低水电出力，消纳超出通道部分的光伏出力，实现光伏资源的充分利用，与此同时降低的水电出力可通过在夜间加大出力，实现梯级水电日电量平衡。通过日内互补，在水电效益不降低的同时，提高了光伏消纳率，增加了水光互补系统的水光总电量，提高了系统的整体效益。

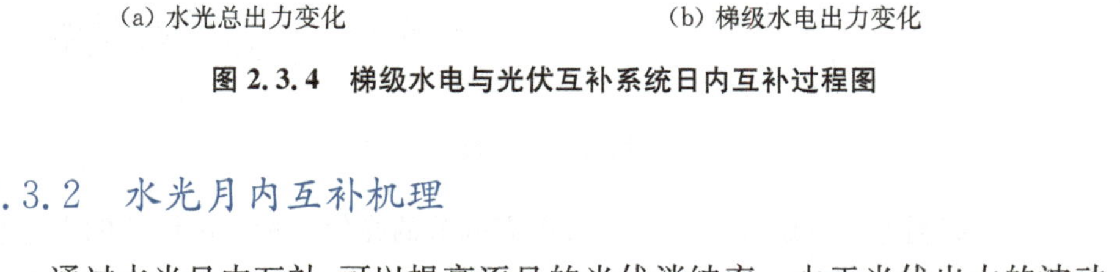

(a) 水光总出力变化　　　　(b) 梯级水电出力变化

图 2.3.4　梯级水电与光伏互补系统日内互补过程图

2.3.2　水光月内互补机理

通过水光日内互补，可以提高逐日的光伏消纳率。由于光伏出力的波动性，月内的逐日水光合计出力过程存在较大的差异性，上文所述的四种日可调和日需调大小情况均可出现。水光月内互补就是根据光伏月内逐日光伏出力的差异性，利用年调节水库的调节能力，当某日的光伏日需调大于日可调时，减少水库下泄流量，降低水电出力，以此增加当日的光伏消纳量；当某日的光伏日需调小于日可调时，增加水库下泄流量，加大水电出力，为当月某些天出现日需调大于日可调的情况时，预留库容。以此遵循水电月电量守恒原则，利用共用的输电通道，最大限度地消纳光伏电量。在月内日与日之间进行水光互补补偿，在日内互补的基础上，进一步提高光伏消纳率。

与水光日内互补类似，引入需调、可调和临界出力概念阐述水光月内互补机理。月、日尺度的光伏出力均以逐时出力进行计算，由于一些特殊时段光伏出力受天气、设备故障等不可控因素影响，存在较大偶然性，在年、月尺度下的计算可采用月内各天同时段光伏出力平均值 $\overline{N^{p}_{m,t}}$ ，如式(2.3.6)所示，代替逐时出力，日尺度下的光伏出力以逐时出力 $N^{p}_{m,d,t}$ 进行计算，既保留了光伏出力逐时波动性，也提高了水光互补中长期优化的可靠性。

$$\overline{N^{p}_{m,t}} = \sum_{d=1}^{D^m} \frac{N^{p}_{m,d,t}}{D^m} \tag{2.3.6}$$

式中：$\overline{N^{p}_{m,t}}$ 为第 m 月内各天第 t 个时段的光伏月均出力，MW。

月内的水光互补出力如式(2.3.7)所示。

$$N^{h,p}_{m,t} = N^{h}_{m} + \overline{N^{p}_{m,t}} \tag{2.3.7}$$

式中：$N^{h,p}_{m,t}$ 为水光互补系统第 m 月第 t 个时段的水电与光伏的合计月均出力，MW；N^{h}_{m} 为水光互补系统第 m 月的水电月均出力，MW。

月需调出力为该月水光互补月均出力超出通道时段的出力，如式(2.3.8)所示。月需调为月需调出力对应的电量，如式(2.3.9)所示。

$$N^{na}_{m,t} = \begin{cases} 0, & N^{h,p}_{m,t} < N^{c}_{m,t} \\ N^{h,p}_{m,t} - N^{c}_{m,t}, & N^{h,p}_{m,t} > N^{c}_{m,t} \end{cases} \tag{2.3.8}$$

$$G_m = \sum_{t=1}^{T} N^{na}_{m,t} \Delta t \tag{2.3.9}$$

式中：$N^{na}_{m,t}$ 为水光互补系统第 m 月内第 t 个时段的光伏需调出力，MW；$N^{c}_{m,t}$ 为水光互补系统第 m 月内第 t 个时段的通道容量，MW；G_m 为第 m 月的月需调，kW · h；Δt =1 h。

月可调出力为该月通道容量裕度和水电出力裕度的较小值，如式(2.3.10)所示。月可调为月可调出力对应的电量，如式(2.3.11)所示。

$$N_{m,t}^{ca} = \min(N_{m,t}^{hr}, N_{m,t}^{cr}) \tag{2.3.10}$$

$$F_m = \sum_{t=1}^{T} \min[N_{m,\max}^{h} - N_m^h、N_m^c - (N_m^h + \overline{N_{m,t}^{p}})]\Delta t \tag{2.3.11}$$

式中：$N_{m,t}^{ca}$ 为水光互补系统第 m 月第 t 个时段水光互补系统的可调出力，MW；$N_{m,t}^{hr}$ 为水光互补系统第 m 月第 t 个时段的水电出力裕度，MW；$N_{m,t}^{cr}$ 为水光互补系统第 m 月第 t 个时段通道容量裕度，MW；$N_{m,\max}^{h}$ 为第 m 月的水电出力上限，MW；N_m^c 为第 m 月的输电通道容量，MW；F_m 为水光互补系统第 m 月的月可调，kW·h；Δt =1 h；T=24。

受自然条件影响而导致的水电、光伏出力差异，与日内互补相同，月可调和月需调的情况也可分为四种，分别为：

（1）月可调等于月需调，月内水电可加大出力的总和与需要水电减小出力的总和恰好相等，通过水库对光伏的补偿调节，在光伏出力大时段，水电降低出力，在光伏出力小时段，水电加大出力，维持水电月电量守恒，可以既不会产生弃光，又不会浪费水电的可调节能力。月临界出力为月需调等于月可调时的梯级水电出力。

（2）月可调大于月需调，通过调整一月之内水电出力过程，可把水光叠加出力超过通道而弃掉的那一部分光伏出力，完全消纳。此时通过月内互补调节可把该月光伏出力完全消纳，光伏消纳率达到 100%。

（3）月可调小于月需调，通过对水电月内出力过程进行调整，可消纳掉一部分原来要弃掉的光伏出力，但受到水电可调能力的限制，仍有一部分超过通道的光伏出力需要弃掉。此时通过月内互补调节仍然存在弃光。

（4）无月需调，即当月的逐日水光互补出力均未超出输电通道。

2.3.3 水光年内互补机理

水光年内互补时根据光伏逐月平均出力差异较小而水电汛期来水多、出力较大的特性，为避免水电出力较大的月份集中弃光，利用年调节水库调节逐月发电流量，使得水电逐月出力尽量与光伏出力匹配，在不增加水电弃水的前提下，最大限度地消纳光伏电量。

以某水光互补基地为例，水电出力在 6—10 月丰水期出力大，在 11 月至次年 5 月枯水期出力小，水电丰枯期出力差异大；光伏电站出力在 4—9 月出力相对较小，在 10 月至次年 3 月出力相对较大，各月出力变化相对较小；水电与光伏出力在年内存在一定的互补性。弃光主要出现在汛期水电出力大的时候。为了增大光伏有效发电量，利用年调节水库，根据光伏电站不同月份的出力特点，以不产生水库弃水为前提，相应调整水电站的年内运行方式，实现水电与光伏在年内的互补运行，减少整体弃光电量。

2.4　实例分析

2.4.1　工程背景

以澜沧江上游西藏段流域为例，进行该地区的水光互补特性分析。

澜沧江发源于中国青海省唐古拉山东北部，流经西藏、云南两省区，出中国境后被称为湄公河，经缅甸、老挝、泰国、柬埔寨，于越南胡志明市注入南海，是东南亚最大的国际河流。流域具有丰富的水能、风能和太阳能资源。

同时澜沧江流域及周边太阳能资源丰富，年辐射量在 6 500 MJ/m^2 左右，年日照时数在 2 200 h 左右，适合大规模开发。通过水光互补可建设西藏澜沧江大型清洁能源基地，通过大型水电调节和资源跨区域优化配置，实现清洁能源的高效利用。澜沧江流域水能和光能资源分布情况如下。

(1) 水能资源

澜沧江流域干流全长 4 880 km，流域集水总面积 810 000 km^2。多年平均年水量约为 640 亿 m^3，并且全流域干流总落差的 91%集中在澜沧江，约为 5 000 m。澜沧江流域水能资源总量相当巨大，国内可开发量高达 3 000 万 kW，其中云南省境内共规划 15 个梯级电站，总装机容量为 2 572 万 kW，约占总的可开发量的 86%，相当于 1.14 个三峡水电站，多年平均发电量约为 1 189 亿 kW·h。由此可见，澜沧江流域内的水电开发对我国水能资源的开发利用具有重要的意义。

澜沧江水能资源丰富，可开发总装机容量约 3 200 万 kW，澜沧江干流水电基地是我国十三大水电基地之一。澜沧江云南段规划 15 个梯级电站，已建设投产 11 个梯级电站。其中小湾水电站装机 420 万 kW(6 台 70 万 kW)，水库库容 149 亿 m^3；糯扎渡水电站装机 585 万 kW(9 台 65 万 kW)，水库库容 237 亿 m^3。澜沧江西藏段规划 8 个梯级电站，如美水电站是澜沧江上游河段调节性能最好的“龙头水库”，具有年调节能力，对邦多、功果桥等 11 个梯级电站具有良好的补偿作用。

(2) 太阳能资源

根据流域内气象站太阳能辐射实测数据以及美国国家航空航天局(NASA)数据分析，澜沧江流域范围绝大部分地区太阳能总辐射均超过 5 000 MJ/m²，日照时数 2 000～2 500 h，属于太阳能资源二类或三类地区，具有较大的开发价值。其中木里、盐源、西昌、德昌、盐边的大部分区域年平均太阳能辐射值均为 5 500 MJ/m²以上，年日照小时数 2 500 h 以上，太阳能资源条件好；大部分地区年平均太阳能辐射值为 5 000～5 500 MJ/m²，年日照小时数 2 000 h 左右，同样具有较好的太阳能资源条件。

澜沧江西藏段水光互补清洁能源基地位于西藏自治区昌都市。西藏自治区水能和太阳能资源丰富，技术可开发量分别约为 1.7 亿 kW 和 3.2 亿 kW，均居全国首位。澜沧江上游西藏段是西藏东南水电能源基地的重要组成部分，西藏澜沧江干流规划大型外送电源总装机 780 万 kW，是我国尚待开发的大型水电能源基地之一。同时，澜沧江流域及周边太阳能资源丰富，年辐射量在 6 500 MJ/m²左右，年日照时数在 2 200 h 左右，年均日照百分率在 65%～80%之间。为充分利用西藏自治区水电资源和太阳能资源的优势，西藏自治区在“十三五”期间重点打造澜沧江西藏段千万千瓦级可再生能源基地，同时建设特高压直流外送通道，将清洁能源输送到东部地区，实现“西电东输”战略的大尺度资源优化配置。

澜沧江西藏段千万千瓦级清洁能源基地规划电源总装机达到 1 952.5 万 kW，包括班达至古水河段水电装机 952.5 万 kW(班达水电站 150 万 kW、如美水电站 260 万 kW、邦多水电站 72 万 kW、古学水电站 210 万 kW、曲孜卡水电站 40.5 万 kW、古水水电站 220 万 kW)、芒康县昂多场址的光伏装机约 400 万 kW、贡觉县它岭场址的光伏装机约 200 万 kW、卡若区场址的光伏装机约 200 万 kW、八宿县场址的光伏装机约 200 万 kW。目前所涉及的水电站计划在“十四五”期间建成投运，光伏电站均已建成投运。

下面以澜沧江西藏段水光互补基地为研究对象进行出力特性相关性分析与互补性研究，具体包括班达、如美、邦多、古学、曲孜卡及古水六座梯级水电站和芒康县昂多、贡觉县它岭、卡若区和八宿县四个光伏电站。

2.4.2 相关性分析

(1) 年内的水光资源的相关性

图 2.4.1 显示了五个典型水文年(丰水年、偏丰年、平水年、偏枯年、枯水

年)水电站的月径流量和对应年份(从 6 月 1 日到次年 5 月 31 日)的月总辐照量。

以丰水年和偏丰年为例分析水、光资源相关性，其余典型水文年与此类同。丰水年 8—9 月份径流量增大，辐照量减小，二者呈负相关；1—2 月份径流量减小，辐照量增大，二者呈负相关；其余月份径流量与辐照量同增同减，二者呈正相关。偏丰年 6—9 月份径流量先增大后减小，辐照量减小后增大，二者呈负相关；10 月至次年 1 月份径流量减小，辐照量增大，二者呈负相关；其余月份径流量与辐照量同增同减，二者呈正相关。2—5 月份径流量缓慢增大，辐照量先增大后减小再增大。

典型水文年径流量和辐照量具有明显的季节性特征，辐照量呈现冬季、春季大，夏季、秋季小的特点，而径流量呈现冬季、春季小，夏季、秋季大的特点，水光资源的季节分布规律具有天然的互补优势。

用 Pearson 相关系数准确表征水光资源间的相关性。各典型年的年内相关系数如表 2.4.1 所示。由表 2.4.1 可知，五个典型年的径流量和辐照量的相关系数均为负值，均呈现负相关，且绝对值均在 0.6～0.8 之间，属强相关。

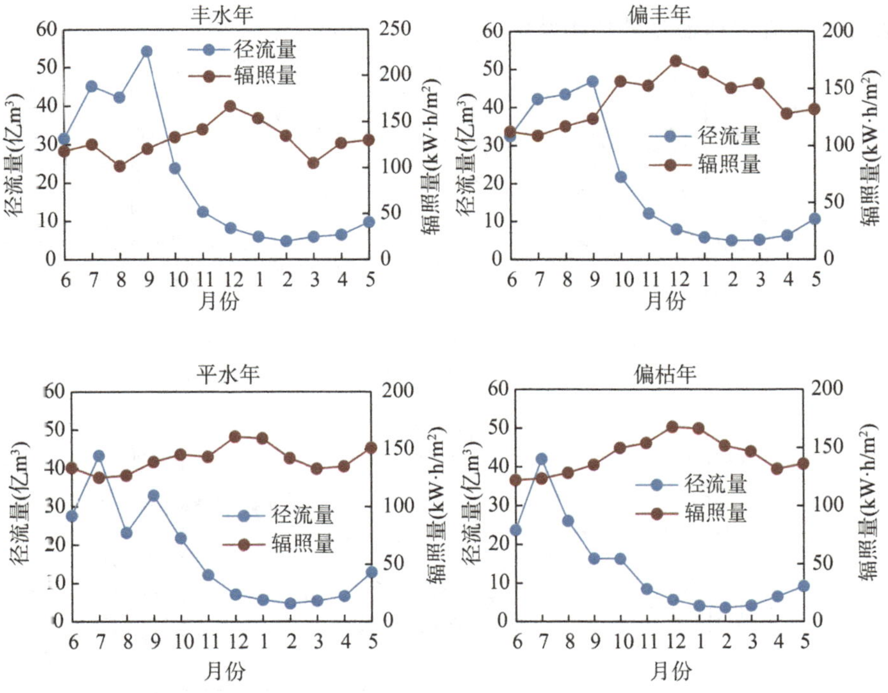

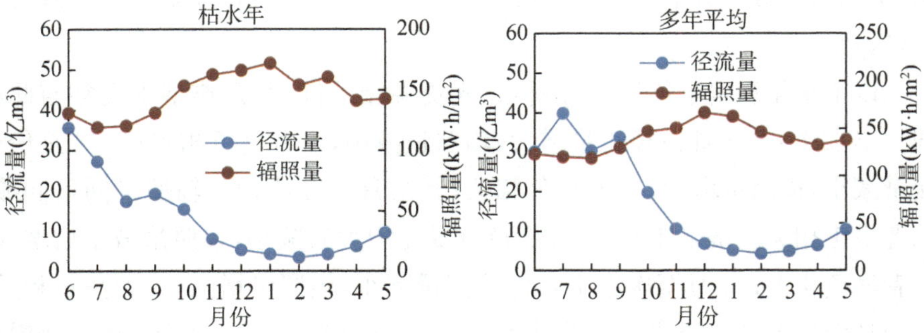

图 2.4.1　月均径流量、辐照量

表 2.4.1　各典型年的相关系数

年份	丰水年	偏丰年	平水年	偏枯年	枯水年	多年平均
γ	−0.71	−0.75	−0.71	−0.72	−0.75	−0.73

(2) 月内的水光资源相关性

为了分析月内的水光资源的相关性，选取了典型年中平水年的 1 月、4 月、7 月及 10 月作为冬季、春季、夏季及秋季的代表月。由图 2.4.2 可知，代表月的径流量和辐照量整体呈现“此消彼长”的趋势。

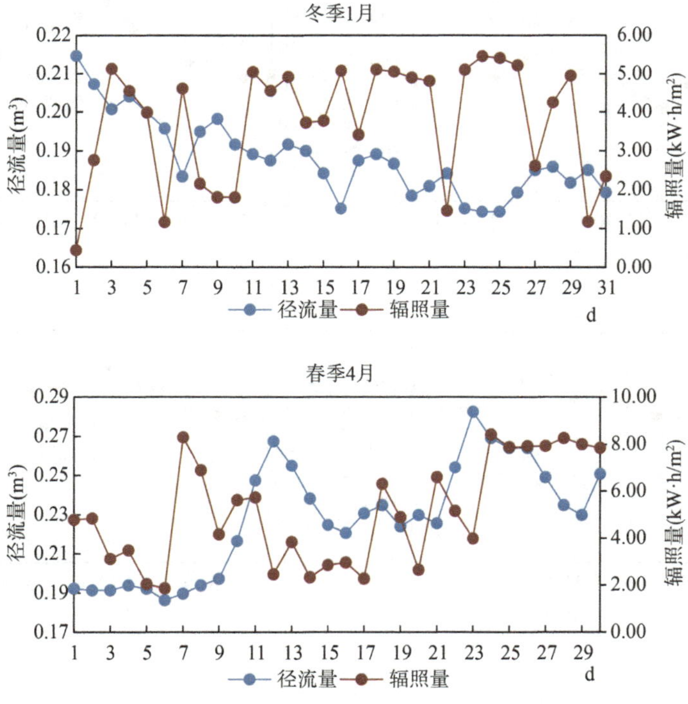

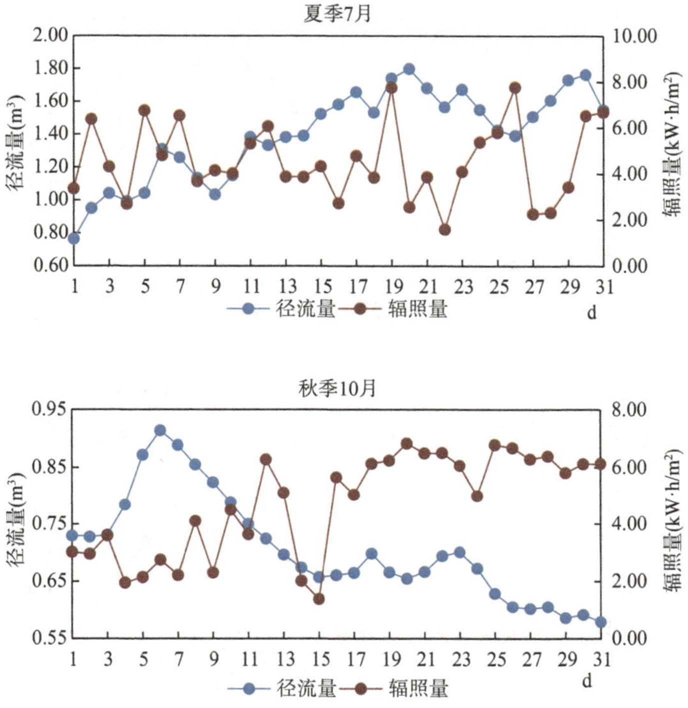

图 2.4.2 日均径流量、辐照量

由表 2.4.2 可知，每月的径流量和辐照量的相关系数均为负值，均呈现负相关，且绝对值均在 0.2～0.5 之间，属弱相关。月平均的水光相关系数的绝对值为 0.39，相较多年平均的绝对值 0.73 小，故月内的水光资源相关性弱于年内的。

表 2.4.2 各月份的相关系数

月份	1	4	7	10	月平均
γ	−0.32	−0.32	−0.42	−0.49	−0.39

注：各月份下对应的值为月内日平均值。

(3) 日内的水光资源的相关性

为了分析日内的水光资源的相关性，选取了典型年中平水年的三个典型日(晴天、雨天、阴天)作为代表日。图 2.4.3 显示了代表日的水电站的日径流量和日总辐照量。由图 2.4.3 可知，代表日的径流量和辐照量基本无相关性。

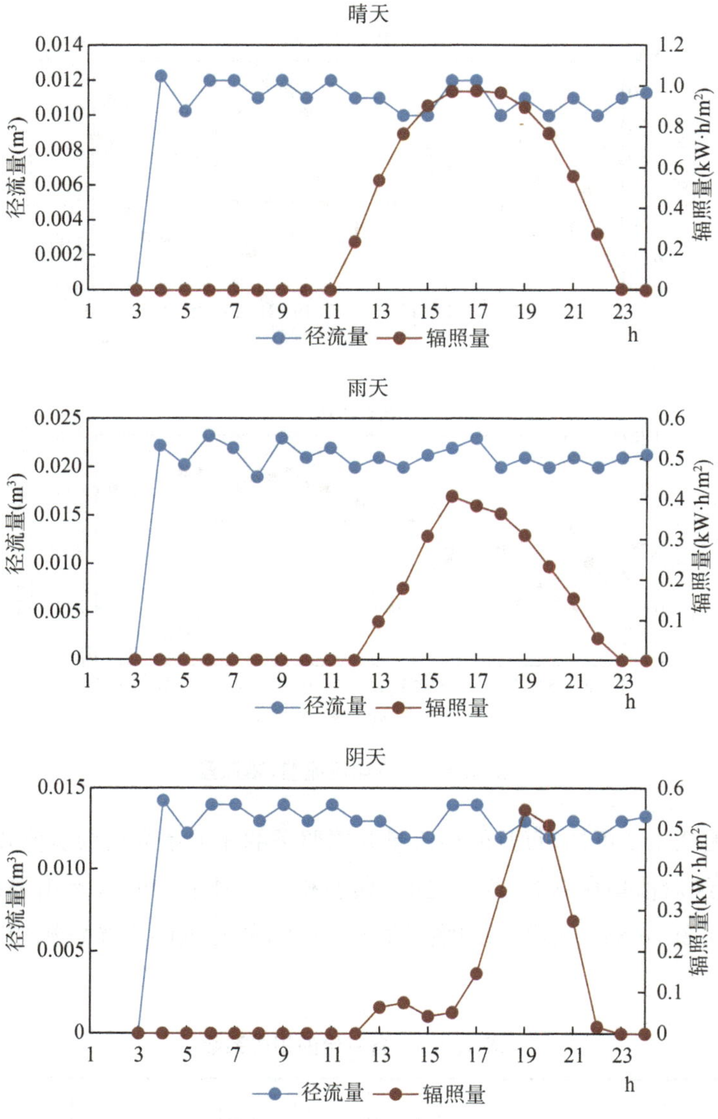

图 2.4.3　时均径流量、辐照量

由表 2.4.3 可知，典型日的径流量和辐照量的相关系数绝对值均在 0～0.1 之间，基本无相关。日内的水光资源相关性明显弱于月内的。

表 2.4.3　各典型日的相关系数

典型日	晴天	阴天	雨天	平均
γ	0.00	−0.04	0.01	−0.01

2.4.3　水光出力互补性分析

2.4.3.1　波动性分析

（1）年内波动性分析

采用 2013 年 6 月—2018 年 5 月电站实际出力数据，以及同期的光伏出力数据进行水光出力互补性分析。水光互补系统月尺度出力、光伏出力和水电出力的年内变化情况如图 2.4.4 所示（以 2017 年 6 月—2018 年 5 月一个水文年为例进行展示）。该流域出力的月际变化较显著，呈冬春季大、夏秋季小的特点。一般 11 月—次年 4 月出力较大，5—10 月的出力较小。秋冬季节光伏出力略高。水能则在 6—10 月份较丰，与光伏出力呈现互补的特征。

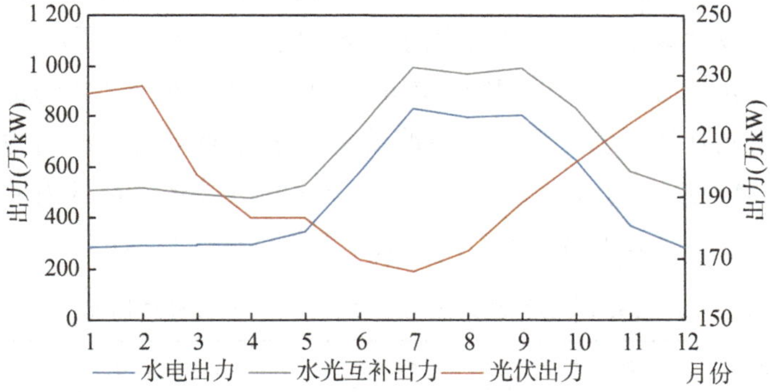

图 2.4.4　2017 年 6 月—2018 年 5 月水光互补出力、光伏出力和水电出力变化情况

对水光互补系统的水光出力进行互补性分析，基于公式（2.2.2），计算系统在年内的水光能源单独出力波动量、水光互补出力的波动量，以及互补出力波动量相对于单独出力的下降比例，如表 2.4.4 所示。

表 2.4.4　各系统的出力波动量（MW）及互补性情况

光伏出力	水电出力	累计值	水光互补出力	下降比例
ds	dh	$ds+dh$	dc	Cr
24.2	576.6	600.8	476.9	0.17

水光互补系统的联合出力波动量比水光能源独立的出力波动量累计值小，即混合系统的水光能在年尺度上存在互补性。

（2）月内波动性分析

计算系统在月内的水光能源单独出力波动量、水光互补出力的波动量，以及互补出力波动量相对于单独出力的下降比例，如表 2.4.5 所示。

月内的光伏出力波动量相较年内的大，说明月内的光伏出力波动性大于年内的。水光互补系统的联合出力波动量比水光能源独立的出力波动量累计值小，即混合系统的水光能在月尺度上存在互补性，且月内的下降比例0.23大于年内的下降比例0.17，故前者的互补性强于后者的。

表 2.4.5　各系统的出力波动量(MW)及互补性情况

光伏出力	水电出力	累计值	水光联合出力	下降比例
ds	dh	$ds+dh$	dc	Cr
40.3	403.5	443.8	298.3	0.23

(3) 日内波动性分析

计算系统在日内的水光能源单独出力波动量、水光互补出力波动量，以及互补出力波动量相对于单独出力的下降比例，如表 2.4.6 所示。

日内的光伏出力波动量相较月内的大，说明日内的光伏出力波动性大于月内的。水光互补系统的联合出力波动量比水光能源独立的出力波动量累计值小，即混合系统的水光能源在日尺度上存在互补性，且日内的下降比例0.35大于月内的下降比例0.23，故前者的互补性强于后者的。

表 2.4.6　各系统的出力波动量(MW)及互补性情况

光伏出力	水电出力	累计值	水光联合出力	下降比例
ds	dh	$ds+dh$	dc	Cr
85	298.8	383.8	222.3	0.35

2.4.3.2　光伏消纳分析

对水光互补系统的水光出力进行互补性分析，基于公式(2.2.3)，计算系统的光伏消纳率，如表 2.4.7 所示。

表 2.4.7　三种典型水文年年调节前后水光效益表

	水光互补前				水光互补后			
	全年光伏消纳率(%)	全年水电总量(亿 kW·h)	全年光电总量(亿 kW·h)	合计(亿 kW·h)	全年光伏消纳率(%)	全年水电总量(亿 kW·h)	全年光电总量(亿 kW·h)	合计(亿 kW·h)
偏枯年	93.36	384.28	157.5	541.78	100	382.48	168.7	551.18
平水年	91.71	427.22	153.89	581.11	100	425.16	167.8	592.96
偏丰年	89.55	451.1	150.27	601.37	100	433.57	167.8	601.37

2.4.3.3　水光系统资源利用分析

对水光互补系统的水光出力进行互补性分析，基于式(2.2.4)、式(2.2.5)，计算系统的光伏消纳率，如表 2.4.8 所示。

表 2.4.8　三种典型水文年年调节前后水光效益表

	水电总电量(亿 kW·h)	基地水量利用率(%)	光伏利用率(%)	光伏电量(亿 kW·h)	基地总电量(亿 kW·h)	基地综合利用率(%)
多年平均	411.26	95.86	94.36	165.64	576.90	95.21

2.5　小结

(1) 本章在年内、月内及日内的时间尺度下，从水光资源和水光发电特性的相关性来分析水光出力的互补特性。水光资源的相关性方面，水光资源在日内的相关性最小、月内次之、年内最大，光伏出力呈现冬春大、夏秋小的特点，而水电出力随径流变化呈现冬春小、夏秋大的特点，水光出力具有强季节性的互补特性；水光发电特性的相关性方面，由于水电能源具有能源可存储的优点，其出力具有良好的调节能力，可根据光伏出力特性来调节水光发电特性的相关性。采用出力波动指标、光伏消纳率指标及水光互补系统资源综合利用率指标衡量水光互补后光伏波动性被平抑、光伏消纳程度及水光资源综合利用的水平。

(2) 引入需调、可调及临界出力指标，通过将上述的指标与各时间尺度的水光出力有机地结合起来，从而探究水光日内、月内及年内的水光互补机理，得到如下结果：

一是日内互补，根据光伏昼发夜停的出力特性，利用水库的日调节能力及水电容量，调节水电日内出力过程，遵循水电日电量守恒原则，利用共用的外送通道，最大限度地消纳光伏电量。

二是月内互补，根据光伏月内逐日出力的差异性，利用水库的年调节能力，在光伏出力大时水库蓄水降低水电出力，增加光伏消纳，在光伏出力小时，水库放水增加水电出力，遵循水电月电量守恒原则，利用共用的外送通道，最大限度地消纳光伏电量。

三是年内互补，根据光伏逐月平均出力差异较小，而水电汛期来水多出力较大的特性，为避免水电出力较大的月份集中弃光，利用基地年调节水库调节逐月发电流量，使得基地水电逐月出力尽量与光伏出力匹配，在不增加水电弃水前提下，最大限度地消纳光伏电量。

(3) 对澜沧江西藏段的水光互补基地的水光互补特性分析表明水光互补能极大程度地提高光伏消纳率，对比挖掘水光在日、月、年三种时间尺度上的互补特性。

第 3 章
光伏出力场景聚类与缩减分析

光伏等新能源出力具有较为明显的波动性与不确定性，不同时段、不同季节的光伏发电曲线可以有着完全不同的曲线轮廓特征与场景特性，给水光互补下的综合电力并网带来不同程度上的调峰调频难度。基于此，为开展水光互补研究，验证讨论不同典型光伏场景下水电能源系统的调峰能力、水光互补联合系统稳定性以及针对水力机组层的发电计划的制订，需要对具备一定时间尺度下的光伏出力曲线进行场景聚类分析，划分光伏日出力数据，并对聚类后的各场景簇类通过削减以找出足以表征簇类场景特性的特定样本，以此作为水光互补研究的基础。这对梯级水光互补调峰研究、水光互补下水力机组负荷分配优化研究具有实际工程意义。

3.1 场景聚类与场景缩减概述

3.1.1 场景聚类概述

为研究并解决水光互补下大规模光伏可再生清洁能源并网后给电力系统运行带来的非稳定性与波动性问题，需对光伏出力样本所具备的随机性、波动性与不确定性进行准确的特征描述与提取。同时因高维时序光伏样本数据易造成水光互补模型下时间复杂度较高，不利于模型求解，增加计算工作量，需要通过场景分析算法对大规模的光伏出力样本进行精简操作，基于一定数学理论选取出具备足够场景代表性的光伏场景。

场景聚类可简要概述为对一定量的样本数据，通过某种特定标准（如样本间距离）将样本数据分为不同的簇类，依据簇类相似性的原则，使得在任一类簇中，该簇内的某一样本与簇类内其余样本相似性最大，并且不同簇类间具备一定程度上的差异性。通过场景聚类可将样本数据的曲线轮廓特征提取出来并将具备不同特征的样本进行有效分类，依据对数据进行划分的逻辑与手段，场景聚类方法主要可分为基于划分的聚类、基于层次的聚类、基于密度的聚类、基于网络的聚类、基于模型的聚类等，目前研究热点方向主要集中于划分聚类与层次聚类。

基于划分的聚类主要有 K-means、K-mediods 以及 K-modes 等方法，其聚类原则是对于样本数据，要求簇类内所有样本间距尽可能小，簇类间样本间距尽可能大。简要流程如下：

(1) 确定划分簇类个数 k。

(2) 在总样本数据中随机选取 k 个样本作为对于簇类的初始聚类中心。

(3) 依次计算其余样本到 k 个初始聚类中心的间距，依据距离小、相似度高的划分原则，将样本进行初次划分。

(4) 根据不同划分簇类方法中所采用的启发式算法，对不同初始聚类中心进行迭代重置，聚类中心每替换一次，需对剩余样本重复进行簇类划分，当聚类原则满足后，聚类中心不再发生变化，聚类结束。

基于划分的聚类方法在处理数据时高效快速，可处理大型高维时序数据，时间与空间复杂度相较其他聚类方法较低。但此方法对样本数据中的噪声点与聚类个数的选择上较为敏感，不同聚类个数下的聚类效果存在较大差别；同时基于划分的聚类易局部最优，不能处理非凸集数据，数据形式的选择角度较为单一。故在聚类个数的选择上，丁明、解蛟龙等人基于 Calinski-Harabasz 有效性指标确定最佳聚类数，通过此聚类数下的 K-means 算法完成对全年风光数据的聚类分析并用于电网系统长期规划。白斌、韩明亮等人通过样本间平方距离误差和、肘部法则（Elbow Method）以及轮廓系数（Silhouette Coefficient）比较不同聚类个数下的聚类质量，避免聚类个数的人为随机选取。孟银凤、杨佳宇等人则采用簇类间与簇类内样本离差平方和作为描述聚类个数下的样本聚类效果，以此作为选取聚类数的有效性指标。针对传统划分聚类算法易陷入局部最优解、对初始聚类中心较为敏感的问题，赵书强、要金铭等人基于密度选取、最大最小距离原则解决了传统 K-means 下初始聚类中心的随机选取问题，提高有效算法聚类质量。

基于层次的聚类，依据聚类逻辑顺序可分为合并层次聚类与分裂层次聚类。前者在层次聚类中的应用较广，其聚类顺序自底向上，底部为样本数据中每个单独样本，通过在底部对样本进行最相似聚类合并操作从而形成上层中的聚类，最上部则为全部样本的集合，当聚类达到顶部或满足一定收敛条件时则聚类结束。而分裂层次聚类则相反，自顶向下，不断分裂形成包含不同聚类个数的簇类，直至达到底层出现仅包含一个样本点的簇类，则聚类过程结束。

基于层次的聚类方法相较划分聚类方法可处理非凸数据，在部分情况下可产生较高质量的聚类，但该方法在聚类方法中时间复杂度较高，不利于处理大型多维时序数据；且与贪心算法相似的是，层次聚类方法一旦某次聚类寻优效果较差，易导致后续寻优效果皆不理想。

限于篇幅，考虑到基于光伏日内出力样本的场景聚类分析中，日内出力样本数较多，曲线形状复杂度较低，不同样本间可根据曲线出力幅值与趋势进行有效的区分与聚类，本书主要采用基于划分的聚类方法。

3.1.2 场景缩减概述

场景缩减又称场景约简，与场景聚类共同作为场景分析中的研究热点。但与场景聚类不同的是，场景缩减旨在从大量原始时序数据样本中，获得较少个数下的典型场景样本，以此提高计算效率，通过采用少量的样本来代表、描述大量具备重复性、复杂性的原始时序样本场景特征，进而降低计算复杂度。场景缩减方法主要可分为平均值法、典型日法以及选择削减法。

平均值法的操作流程就是通过计算原始时序数据中的样本平均值，以平均值作为整体样本数据的场景特征描述性代表样本。平均值法易于操作，实现原理简单，但此方法仅适用于数值型时序样本，且平均值法所得结果易对样本间的曲线特征、出力趋势造成破坏，仅能近似地反映数据样本总体曲线变化，对噪声点较为敏感。

典型日法在遍历原始数据样本库的基础上，依据一定的目的、经验和选取原则（如某时刻下出力值最大、最小）完成对特定样本的筛选，所选样本代表性较强，可较好地反映整体时序数据的场景特征。但典型日法需整体遍历数据库，不适用于较大样本量下的场景缩减，同时该方法对噪声点较为敏感，就缩减结构而言存在一定的保守性。

选择削减法可根据场景缩减顺序分为快速前向选择法（Fast Forward Selection Method, FFS）和同步回代消除法（Simultaneous Backward Reduction, SBR），以 FFS 为例，其简要操作流程为：

（1）将所有样本放入弃用集 $\boldsymbol{S}_2$ 中，随机选取其中一个样本放入保留集

$\boldsymbol{S}_1$ 中。

(2) 计算此样本与 $\boldsymbol{S}_2$ 中其余样本间距,并乘以对应的概率。

(3) 确认最小间距,将 $\boldsymbol{S}_2$ 中最小间距对应样本放入 $\boldsymbol{S}_1$ 中。

(4) 重复(2)~(3)的操作,直至 $\boldsymbol{S}_1$ 中样本个数满足场景削减个数要求,则流程结束。

针对光伏出力样本的场景缩减下标分析,需要确保缩减后的典型样本为原始时序样本库中真实存在的样本,以便将相同日期下的水电出力与光伏出力相结合组成典型水光场景;同时需保证典型光伏样本对原始时序样本具备足够的代表性,故本书主要介绍基于选择削减的场景缩减法。

3.2 光伏场景聚类缩减分析模型

3.2.1 场景聚类数的确定

为弱化不同样本间的差异性,削减光伏出力样本中部分时段的异常出力对整体聚类质量的影响,对每个样本进行标准化预处理。

$$y_i^* = \frac{y_i - \overline{y}}{\sigma} \tag{3.2.1}$$

式中:y_i^* 表示第 i 个标准化处理后的光伏日出力样本;$\overline{y}$ 与 σ 则分别表示光伏样本均值与方差。

K-means 等算法为基于簇类划分的场景聚类算法,不同聚类数可直接影响算法聚类结果质量。为对光伏场景进行更好的划分与聚类,避免因聚类数的随机选择而导致场景聚类质量较差,一般从簇类间样本差异性的角度与簇类畸变程度结合 Silhouette Coefficient(SC) 与 Elbow Method 建立三组聚类评价指标,以进行不同聚类数下聚类质量的比较。

(1) 样本离差平方和

设聚类个数为 K,光伏场景被分为簇类 $\boldsymbol{L}_1,\boldsymbol{L}_2,\cdots,\boldsymbol{L}_K$,对于簇类 $\boldsymbol{L}_k$ 而言,其簇类内样本离差平方和可表示为:

$$P_k = \sum_{n=1}^{n_k} (l_k^n - \overline{l_k})'(l_k^n - \overline{l_k}) \tag{3.2.2}$$

式中:n_k 表示簇类 $\boldsymbol{L}_k$ 中样本个数;l_k^n 与 $\overline{l_k}$ 则分别表示簇类 $\boldsymbol{L}_k$ 当中第 n 个光伏

出力样本和簇类 $\boldsymbol{L}_k$ 所含 n_k 个光伏出力样本的均值。

而簇类间样本离差平方和与样本总离差平方和可分别表示为：

$$B = \sum_{k=1}^{K} n_k(\overline{l_k} - \overline{l})'(\overline{l_k} - \overline{l}) \tag{3.2.3}$$

$$W = \sum_{k=1}^{K} P_k + B \tag{3.2.4}$$

式中：$\overline{l}$ 表示所有光伏出力样本的均值。

评判不同簇类间样本差异性有以下指标：

$$R_K^2 = \frac{B}{W} \tag{3.2.5}$$

对于不同聚类数 K，R_K^2 取值范围都为[0,1]，随着场景聚类个数的增多，类间样本离差平方和在总样本离差平方和当中占比随之提升，不同簇类间差异性明显，场景聚类效果好。

(2) Silhouette Coefficient

对基于划分的簇类方法，通常采用 SC 作为评价聚类效果好坏的指标之一。

$$S(i) = \frac{b(i) - a(i)}{\max[a(i), b(i)]} \tag{3.2.6}$$

$$b(i) = \min[b_1(i), b_2(i), \cdots, b_n(i)] \tag{3.2.7}$$

式(3.2.6)表示第 i 个样本的 SC 指标；$a(i)$ 表示第 i 个样本与簇类内其他样本的距离的均值，体现样本凝聚度；$b(i)$ 则表示在第 i 个样本与其他簇类各样本的均值中的最小值，体现样本间的分离度；$b_n(i)$ 表示第 i 个样本与第 n 个簇类内其他样本的均值。

对于不同的聚类数 K，SC 取值范围为[−1,1]，其值大小与聚类质量好坏成正比关系。当 SC 值范围在(0,1]之间时，表明聚类样本中类内样本紧凑程度大于类间样本紧凑程度，聚类轮廓较为明显；当 SC 值范围在[−1,0)之间时，则表明类内样本距离较大，聚类结果较为松散，聚类质量较差；当 SC 为 0 时，则表明类间与类内样本紧凑程度相等。

(3) 平方距离误差和

在聚类方法中通常以簇类间质点与其簇类其他样本平方距离误差和

(SSE)表征簇类畸变程度。根据 Elbow Method 可知,对于场景聚类中任意一簇而言,其畸变程度与簇类间样本紧密程度大小、场景聚类个数多少成反比关系;随着聚类个数的增多,在某个聚类数附近,畸变程度下降,样本聚类效果得到提升,SSE 曲线趋于平缓,则此聚类个数 k 可考虑为效果较好的聚类个数临界点。

$$SSE=\sqrt{\sum_{n=1}^{N}(\boldsymbol{x}_{i,n}-\boldsymbol{x}_{j,n})^2} \tag{3.2.8}$$

式(3.2.8)表明 N 维向量 $\boldsymbol{x}_i$ 与 $\boldsymbol{x}_j$ 之间的平方距离误差和。

尽管增加场景聚类个数 k 有助于提升不同簇类间样本差异性,降低样本畸变程度,但过多的聚类数并不能带来簇类样本代表性的提升,会使部分偶然、独特场景单成一类,增加后期计算工作量。对此,在实际场景聚类分析中需要对不同聚类个数下的 R_k^2 与 SSE 进行分析,比较不同聚类个数下各指标的变化量,考虑实际聚类需求,确定最佳聚类个数。

3.2.2 场景缩减有效性分析

在场景分析中,若采用对簇类中所有样本计算的方式无疑会加大计算工作量,对此需要通过场景削减获得簇类中具备足够场景代表性的典型样本,最大程度上包含簇类中样本的出力特征。光伏出力曲线具备中间高、两头低的特征,当簇类间样本数量较多时,通过计算样本平均值所得的光伏出力曲线满足数学上的正态分布。对此,在光伏场景缩减的有效性评价中,通过比较各簇类下基于场景缩减模型所得的出力样本与基于平均值所得的出力样本之间方差、均值以及相对变化量的大小,即可说明基于场景缩减模型所得的样本在簇类中对于样本整体平均值的偏离程度,验证场景缩减有效性。

$$\mu=\frac{1}{N}\sum_{n=1}^{N}\boldsymbol{x}_{i,n} \tag{3.2.9}$$

$$\sigma^2=\frac{1}{N}\sum_{n=1}^{N}(\boldsymbol{x}_{i,n}-\mu)^2 \tag{3.2.10}$$

$$\Delta\mu=\frac{\mu_{\text{center}}-\mu_{\text{aver}}}{\mu_{\text{aver}}} \tag{3.2.11}$$

$$\Delta\sigma^2=\frac{\sigma^2{}_{\text{center}}-\sigma^2{}_{\text{aver}}}{\sigma^2{}_{\text{aver}}} \tag{3.2.12}$$

式(3.2.9)、式(3.2.10)分别表示 N 维向量 $\boldsymbol{x}_{i,n}$ 的方差与均值，μ_{center}、$\sigma^2{}_{\text{center}}$ 与 μ_{aver}、$\sigma^2{}_{\text{aver}}$ 则分别表示基于场景缩减模型与基于平均值所得样本的均值与方差。

3.3　基于改进 K-means 与 SBR 算法的光伏场景聚类模型

3.3.1　改进 K-means 算法

1. 传统 K-means 算法

K-means 算法也称为 K-均值算法，可将 N 个对象划分为 K 个簇类，用簇类样本中均值代表每个簇的中心点，通过循环迭代直至每个簇类中的对象均不再发生变化，具体过程如下：

(1) 确定聚类个数 k，并在样本中随机选取出 k 个初始聚类中心。

(2) 分别计算其余样本与这 k 个聚类中心的欧氏距离，排序后按照距离中心就近原则对样本进行分类。

(3) 分类后计算簇类样本均值，以此作为簇类新中心。

(4) 计算新中心与其余所有样本的欧式距离，排序后按照距离中心就近原则对样本进行新的分类。

(5) 重复(3)～(4)步骤，当某一轮簇类中心与上一轮一致时，聚类完成。

K-means 算法对于样本间距采用欧式距离进行判断，见式(3.3.1)。

$$d(\boldsymbol{y}_i,\boldsymbol{y}_j)=\sqrt{\sum_{n=1}^{N}(\boldsymbol{y}_{i,n}-\boldsymbol{y}_{j,n})^2} \tag{3.3.1}$$

式中：$\boldsymbol{y}_i$、$\boldsymbol{y}_j$ 分别表示 N 维向量；$d(\boldsymbol{y}_i,\boldsymbol{y}_j)$ 则表示两样本间距离，距离大小与样本相似程度成反比关系。

尽管 K-means 算法在解决聚类问题时具备快速、高效的优势，但是该算法的聚类质量却对聚类个数和初始中心的选取较为依赖，不同聚类个数下的 K-means 算法聚类质量参差不齐，且不同初始中心下进行聚类可导致结果不具有较高的可重复性、可复现性。对此，针对 K-means 算法进行聚类质量上的优化，根据密度原则、最大最小距离原则确定初始聚类中心。

2. 基于密度和最大最小距离的聚类中心确定方法

在所有样本初始分布中，样本间密度可较好地反映出单个样本与其他相邻样本间距离情况，可结合欧氏距离作为判断样本间相似度的方法之一。密度思想操作执行步骤如下：

(1) 对于 N 个初始样本的集合而言，通过式(3.3.1)计算 N 个样本间的欧氏距离，并储存于 $N \times N$ 维的零对角矩阵 $\boldsymbol{D}_N$ 中。

(2) 在 $\boldsymbol{D}_N$ 矩阵中，对于任意一行 $n(1 \leqslant n \leqslant N)$ 代表第 n 个样本与其余 $N-1$ 个样本的距离信息。从 $\boldsymbol{D}_N$ 矩阵的每一行中找出第 n 个样本除与自身距离之外的最小值，将最小值储存在距离矩阵 $\boldsymbol{d}_N$ 中。

$$\boldsymbol{d}_N(n) = \min[\boldsymbol{D}_N(n)], \boldsymbol{D}_N(n) \neq 0 \tag{3.3.2}$$

(3) 对距离矩阵 $\boldsymbol{d}_N$ 进行排序，选取出第 k 个样本作为初始聚类中心，k 为初始聚类个数。

通过密度思想可选取出 k 个初始聚类中心中的第一个，剩余 $k-1$ 个则需通过最大最小距离原则进行迭代选取。

最大最小距离原则以不同样本间的欧氏距离为准，在初始聚类中心的选取中尽可能地考虑样本分布中较为偏远的样本，避免了在初始聚类的样本中心过于密集的情况，提升了聚类算法的可靠性。基本过程如下：

(1) 由密度思想可获得第一个初始聚类中心 K_1，通过零对角矩阵 $\boldsymbol{D}_N$，在 K_1 对应的信息行中找寻 K_1 最大欧式距离对应的样本，以此作为第二个中心 K_2。

$$K_2 = \max\{D_N[find(K_1)]\} \tag{3.3.3}$$

式中：$find(K_1)$ 为寻找 K_1 中心对应行列信息。

(2) 计算其余 $N-2$ 个样本各自与 K_1、K_2 的距离，将每个样本与两个中心距离的最小值储存于矩阵 $\boldsymbol{d}_{N-2}$ 中，确定矩阵中最大值对应的样本，以此作为第三个中心 K_3。

$$K_3 = \max(\boldsymbol{d}_{N-2}) \tag{3.3.4}$$

对于后续 $K-3$ 个样本的选取都可重复过程(2)，直至 K 个聚类中心都已选取完成。

3.3.2 同步回代消除算法

由改进 K-means 算法可得 K 个聚类中心下的簇类分布，对任意簇类 $\boldsymbol{S}$，基于坎诺维奇(Kantorovich)距离的 SBR 算法操作步骤如下：

(1) 针对簇类 $\boldsymbol{S}$ 中所存在的 N 个样本，令每个样本初始概率为 $p=1/N$。

(2) 对于 $\boldsymbol{S}$ 中任意第 n 个样本，其坎诺维奇距离通过式(3.3.5)展开计算。

$$D(n)=\sqrt{\sum_{n_1=1}^{N}(S_n-S_{n_1})^2}\times p_n, n_1\neq n \tag{3.3.5}$$

式中：S_n、S_{n_1} 分别表示簇类 $\boldsymbol{S}$ 中的第 n 与第 n_1 个样本，p_n 表示 $\boldsymbol{S}$ 中第 n 个样本的概率。

(3) 删除簇类 $\boldsymbol{S}$ 中坎诺维奇(Kantorovich)距离矩阵中 $D(n)$ 最小距离对应的样本，并将其对应概率叠加至与其距离最近的样本上。

$$i=find\{\min[\boldsymbol{D}(n)]\} \tag{3.3.6}$$

$$\boldsymbol{S}=S[delete(S_i)] \tag{3.3.7}$$

$$j=find\{\min[D(i)]\} \tag{3.3.8}$$

$$p_j=p_i+p_j \tag{3.3.9}$$

式中：i 为坎诺维奇(Kantorovich)矩阵 $\boldsymbol{D}(n)$ 中最小距离的样本对应编号，式(3.3.9)即表示在原簇类 $\boldsymbol{S}$ 中删除第 i 个样本。

(4) 更新删除过样本的簇类 $\boldsymbol{S}$，重复过程(2)～(3)，直至簇类 $\boldsymbol{S}$ 中样本个数满足场景削减需求，本章每个簇类均削减至一个样本。

3.3.3　模型求解流程

将改进 K-means 算法与 SBR 算法相互嵌套，构建基于改进 K-means 与 SBR 算法下的光伏场景聚类分析与缩减模型，具体求解流程如下：

(1) 输入初始光伏数据，对数据进行标准化处理。

(2) 通过改进 K-means 算法基于密度原则、最大最小距离原则选取初始聚类中心，根据 K-means 算法过程中的迭代计算与簇类划分，可将初始输入数据划分为 K 类，并将数据进行反归一化处理。

(3) 对任意一类包含 N 个样本数据的簇类，设定场景削减后的样本数为 n，不断删除样本，直至簇类中样本个数等于 n，即可得到此簇类中具备强代表性的样本。在此 n 选为 1。

求解流程图见图 3.3.1。

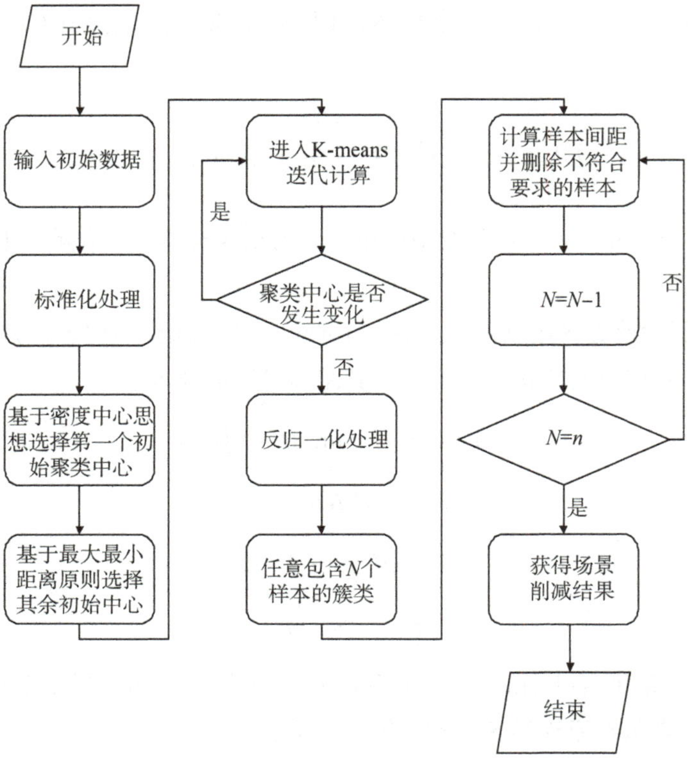

图 3.3.1　光伏场景聚类分析与场景缩减模型求解流程图

3.4　实例分析

3.4.1　工程背景

工程背景为国内某流域下的梯级电站群与流域内的分布式光伏电站。此流域下的梯级电站群共涉及 6 个电站，分别为电站 A～F，每年的 6—10 月为汛期，11 月至次年 5 月为枯期；光伏电站则因太阳能资源、经济性等条件选址于流域内两岸。该流域下 6 个电站的基本参数见表 3.4.1，其中电站 E 不具备调节性质。

电站 B 作为该流域内唯一具备年调节性质的水电站，负责该流域内主要的发电、调峰任务，在系统中承担基荷或腰荷。该电站采用堤坝式开发，工程

表 3.4.1　流域内电站基本参数

电站	正常蓄水位(m)	死水位(m)	正常蓄水位库容(亿 m^3)	调节库容(亿 m^3)	调节性质	装机容量(万 kW)	装机台数(台)
A	3 054	3 024	8.8	3.34	周调节	150	4
B	2 895	2 815	37.54	24.43	年调节	260	
C	2 605	2 600	0.555	0.15	日调节	72	
D	2 535	2 530	5.96	0.47	日调节	210	
E	2 345	2 335	0.309	0.13	—	40.5	
F	2 267	2 235	15.844 5	6.72	季调节	220	

枢纽由砾石土心墙堆石坝＋左岸溢洪道、泄洪洞、放空洞＋右岸引水系统＋地下厂房等建筑物组成。电站 B 的工程技术参数见表 3.4.2。

表 3.4.2　电站 B 基本技术参数

参数名称	数值	单位
最大净水头	282.60	m
最小净水头	193.04	m
额定水头	246.00	m
加权平均水头	250.70	m
装机年利用小时数	4 321	h
保证出力	69.9	万 kW
多年平均发电量	111.39	亿 kW·h

按照《太阳能资源等级 总辐射》(GB/T 31155—2014)中的太阳能资源丰富程度等级标准，年总辐射量超过 6 300 MJ/m^2 时为最丰富等级，年总辐射量在 4 200～6 300 MJ/m^2 时为很丰富等级；按照太阳能资源稳定度等级划分标准，用总辐射各月平均日辐照量的多年平均值的最小值与最大值的比值表示太阳能资源稳定度(RW)，$RW \geqslant 0.47$ 时为很稳定等级，$0.36 \leqslant RW < 0.47$ 时为稳定等级。研究工程所选流域年总辐射量为 6 500 MJ/m^2 左右，在 5 800～6 700 MJ/m^2 之间，稳定度 RW 为 0.65，年日照时数在 2 200 h 左右，流域总辐射量相对平均。因此该区域的太阳能资源属很丰富至最丰富等级，太阳能资源很稳定，适于进行太阳能资源的开发利用。

综上所述，该流域内具备丰富的水力资源以及光伏发电资源，而大规模光伏资源的并网会因其出力所具备的间歇性、周期性与随机性等特点易对电网造成较大冲击，影响电网电能质量以及供电可靠性，使得光伏发电在实现电力的完全调度上存在一定的难度，并网后势必会对电网的安全可靠运行带来影响，同时，大规模光伏电站并网下将建设输电通道，输电经济性较差。对此，基于该流域下具备年调节的电站B以及其他日调节以上性能的电站，可充分利用流域内调节性能较好电站的水电调节能力，考虑以水光互补的形式联合开发运行，建设水风光一体化可再生能源综合开发基地，降低可再生能源综合开发成本，提高送出通道利用率，同时为电网提供优质的清洁能源电力。

首先以该流域下的光伏发电站作为主要研究对象，选取该流域内平水年一年内的光伏 24 h 出力作为输入数据，进行光伏场景的聚类与缩减分析。

3.4.2 场景聚类结果与分析

绘制不同聚类个数下，聚类指标随 k 的变化关系，见表 3.4.3 与图 3.4.1。

表 3.4.3 光伏场景聚类数 k 与 R_k^2、SC、SSE 的关系

	$k=2$	$k=3$	$k=4$	$k=5$	$k=6$	$k=7$	$k=8$
R_k^2	0.612 6	0.687 1	0.678 9	0.658	0.63	0.673 5	0.66
SC	0.507 5	0.429 9	0.435	0.402 3	0.440 5	0.386 2	0.387 5
SSE	135 250	112 830	106 160	105 130	101 840	93 771	89 431

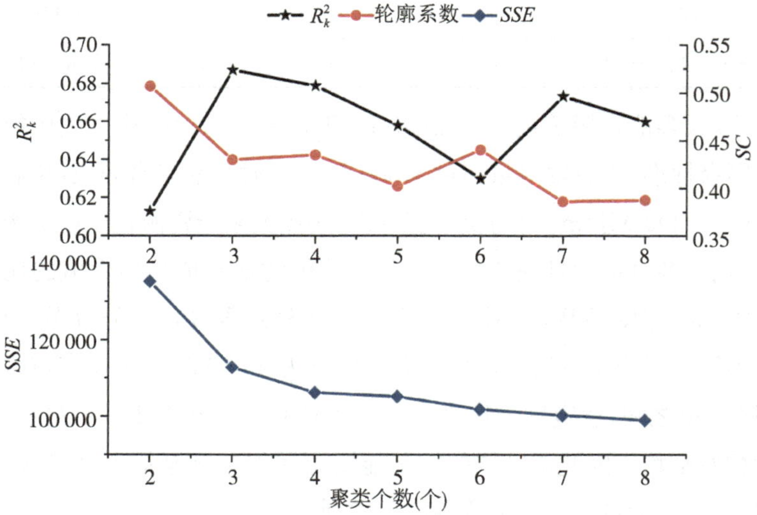

图 3.4.1 光伏场景聚类数的确定

由表 3.4.3 与图 3.4.1 可知，随着聚类数的增加，R_k^2 与 SC 指标的变化趋势较为相似。在聚类数由 3 增至 4、由 7 增至 8 时，两组指标并无较大幅度上的波动变化，指标值较为接近；但在聚类数由 2 增至 3、由 4 增至 6 时，可明显看出 k 值对 R_k^2 与 SC 指标产生较大影响。经分析，这是因为在聚类数为 3、4 时，各簇类样本数占总样本数的比例较为接近，类间多样性丰富，簇类划分效果好；而在聚类数为 5～8 时，部分簇类样本数较少，在此聚类数下的不同簇类间距离较近，降低了类间样本离差平方和在总样本离差平方和当中的比例，从而聚类效果稍差。

由 SSE 变化曲线结合 Elbow Method 可知，在 $k>3$ 的聚类数取值范围内，SSE 曲线逐渐趋于收敛，表明在 $k>3$ 之后，簇类样本间密度较高，畸变程度有所下降，样本聚类质量较之前得到明显提升，光伏场景聚类个数可选择范围在 4～8 之间。

值得注意的是，尽管过多的聚类数可使得光伏场景聚类分析在聚类指标上有较好的表现，但对场景的过度分类则易使得场景多样性冗余，部分簇类当中样本数较少，对于此部分簇类则无法使其具备足够的场景代表性，同时也会增加后期场景计算工作量。

对此，针对聚类数范围在 4～8 之间各指标的变化情况，选择 $k=4$ 作为光伏电站场景分析的聚类个数，既可以保证簇类间的样本多样性，不局限于样本分类情况仅在晴天、雨天、阴天的三种模式下；同时，也可以保证聚类质量，满足实际工程需要，在一定程度上减少不必要的计算量。

将该流域内平水年 365 天的光伏电站 24 h 日出力数据作为场景聚类的初始数据输入，选择以 $k=4$ 作为场景聚类个数；采用改进 K-means 算法基于密度思想与最大最小距离对聚类中心进行选取以及场景聚类；采用 SBR 算法对四类样本簇进行场景缩减。

为建立流域下梯级电站与光伏电站间的出力联系，分析汛期和枯期时间范围内所得光伏聚类样本标签及标签对应概率，见图 3.4.2 与表 3.4.4；各簇类聚类中心曲线见图 3.4.3。

表 3.4.4　光伏聚类标签概率

簇类	一	二	三	四	总值(%)
汛期(%)	9.863 0	17.534 2	1.917 8	12.054 7	41.369 7
枯期(%)	29.315 0	9.315 0	2.739 7	17.260 2	58.629 9
总值(%)	39.178 0	26.849 2	4.657 5	29.314 9	99.999 6

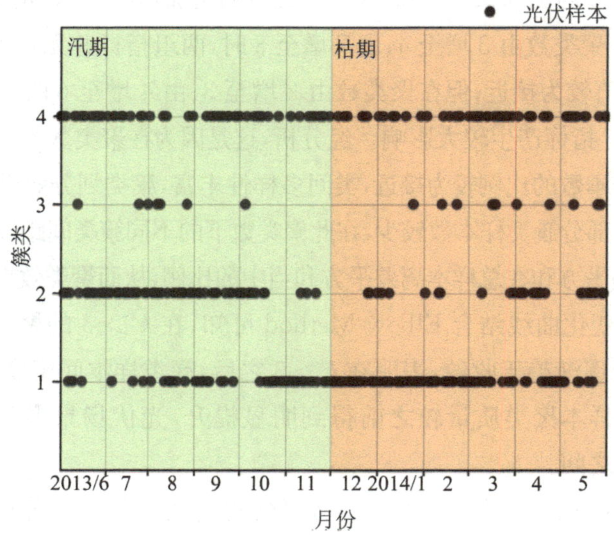

图 3.4.2　光伏聚类标签

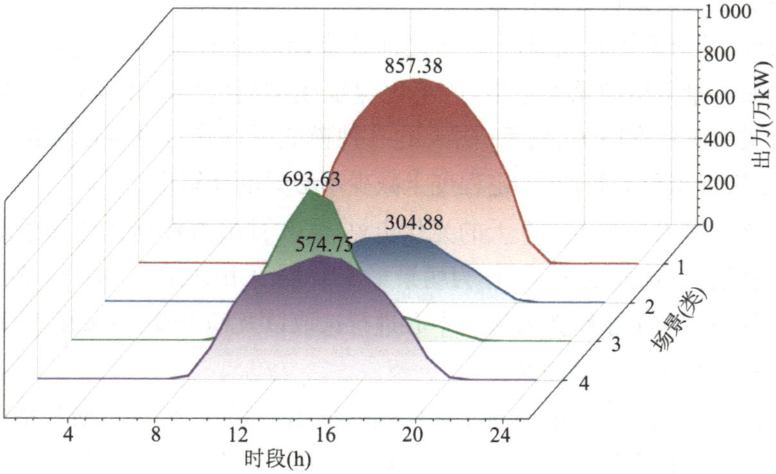

图 3.4.3　四类场景聚类中心

不难看出，基于改进 K-means 聚类算法可对该流域的光伏出力数据做到较为有效的数据聚类划分，根据聚类中心曲线轮廓特征、结合曲线峰值大小可看出四簇类对应的光伏出力场景分别是晴天、雨天、日照强度变化较大的阴天与出力变化较为均衡的阴天，四类曲线场景特征区分明显。在 365 天的光伏日出力数据中，可发现以簇类一、四、二居多，可占据年光伏数据样本总量的 95.342 1%，曲线轮廓特征较为符合数学上的正态分布，表明在平水年大多数时间内，光伏日出力曲线具备负荷变化稳定、无较大负荷波动的出力特征。观察光伏样本与梯级流域间的联系，可发现仅簇类二中大多数样本发生于梯级流域下的汛期时间段，可占到簇类二中的 65.31%；而簇类一中发生于枯期时间段下的日出力样本则可占到簇类一中的 74.83%。表明在此年份中，光伏强度不足、低出力峰值的雨天场景多发生于梯级流域的汛期时段；而日照辐射充分、光伏出力充沛的晴天场景多发生于枯期时段。在该年份中光伏出力样本与水光场景特征恰好满足梯级水光互补模式下所需的水光互补联系，即水电能源不足时，光伏资源充沛；光伏资源匮乏时，水电来水丰富，可充分发挥梯级电站优秀的调峰、电网负荷跟踪能力，满足发电需求，抑制余荷大幅度波动，保障电网运行稳定性与安全性。

3.4.3　场景缩减结果与分析

为验证本章所构建模型在光伏场景聚类分析与场景缩减上的有效性与优越性，分别将本章所建场景分析模型，同基于 K-means 与 SBR 的场景分析模型、基于 K-mediods 与 FFS 的场景分析模型进行对比。三组模型分别按顺序命名为 A、B、C 三组，参数设置一致。由于不同聚类分析模型对于样本划分的数量不一，导致簇类平均值不相等，为综合比较 A、B、C 三组与簇类间整体平均值样本曲线的偏离程度，在每个簇类中将三组模型下的场景削减曲线分别与各簇类平均值所得样本出力曲线相比较。各模型场景削减后对比图见图 3.4.4 至图 3.4.7，评价指标对比见表 3.4.5 至表 3.4.8。

观察图 3.4.4 至图 3.4.7，在不同场景聚类缩减分析模型当中，可看出三组模型对于样本簇类的划分结果较为接近，不同模型间的四类样本整体轮廓曲线也较为相似，但基于场景缩减所得的样本在不同簇类中表现出对平均值不同的偏离程度。

表 3.4.5　簇类一各模型场景削减指标对比结果

模型	均值			方差		
	场景缩减	平均值	$\Delta\mu$ (%)	场景缩减	平均值	$\Delta\sigma^2$ (%)
A	266.87	268.23	−0.51	129 262	115 345	12.07
B	242.36	270.39	−10.37	106 753	119 569	−10.72
C	276.39	266.62	3.67	138 078	115 752	19.29

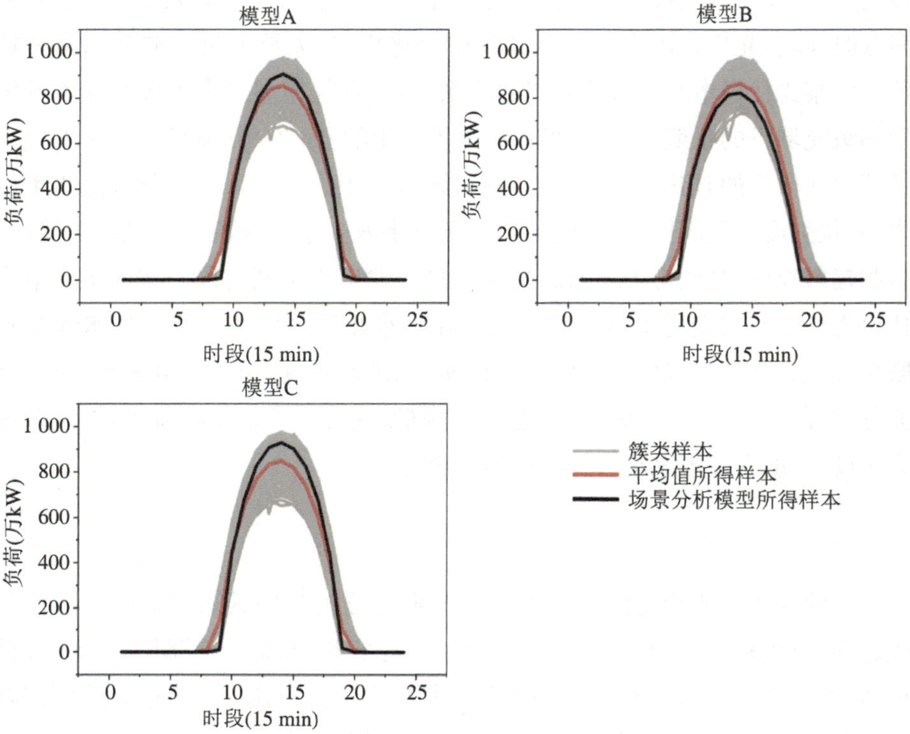

图 3.4.4 簇类一各模型场景削减对比图

对于簇类一，样本曲线整体以日照强度充分的晴天为主，模型 A 与 C 所得的样本相较于簇类平均值，曲线峰值更高，整体轮廓偏瘦长，在 10～12 h、16～18 h 时段附近均与平均值样本曲线重合度较高；但 C 组所得样本对于均值有着较高的偏离程度，相较 A 组可多出 86.10％的均值相对偏差；而 B 组所得样本曲线可看出被平均值样本曲线完全包围覆盖，峰值时段不一致，在均值评价指标上同 A、C 两组有较大差距。

表 3.4.6 簇类二各模型场景削减指标对比结果

模型	均值			方差		
	场景缩减	平均值	$\Delta\mu$（%）	场景缩减	平均值	$\Delta\sigma^2$（%）
A	73.68	97.03	−24.07	8173	13526	−39.58
B	67.53	84.77	−20.34	5406	14012	−61.41
C	173.25	116.22	49.07	47339	25927	82.58

簇类二样本由雨天与出力峰值集中在午后时段的阴天场景组成，对于该

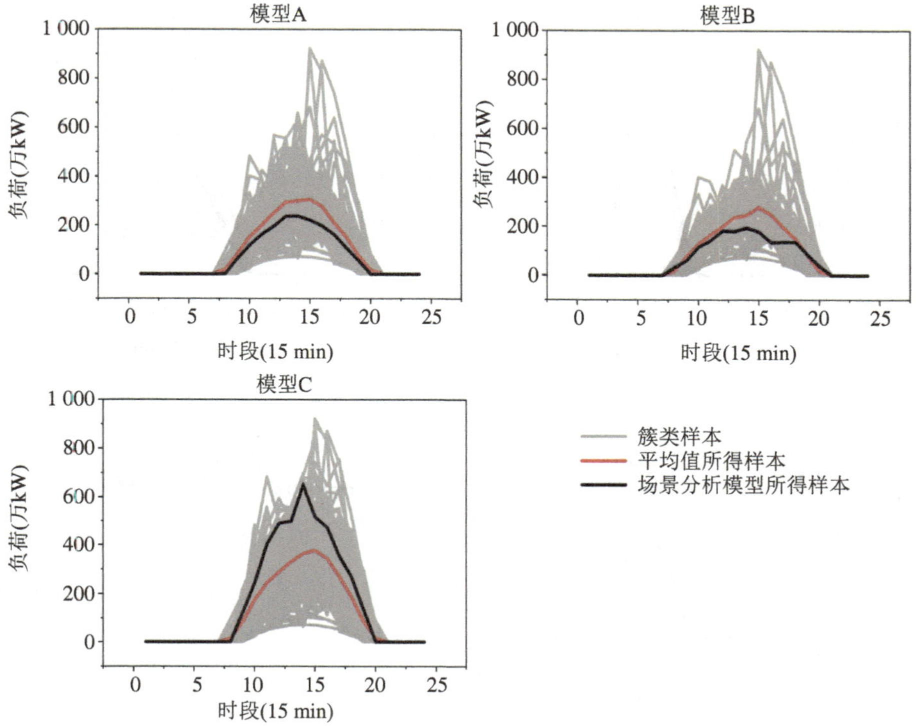

图 3.4.5　簇类二各模型场景削减对比图

场景的缩减结果，模型 A 与 B 较为相似，所得样本曲线均被平均值样本曲线所覆盖，但 A 组曲线变化过程更为平滑；而在 C 组的结果对比中，可看到所得样本曲线对平均值偏离程度高，于 14 h 时段存在较为突兀的出力波动，出力峰值较高，未能较好地概括与表征簇类样本的场景特性。

表 3.4.7　簇类三各模型场景削减指标对比结果

模型	均值			方差		
	场景缩减	平均值	$\Delta\mu$（%）	场景缩减	平均值	$\Delta\sigma^2$（%）
A	140.61	137.08	2.57	44 311	45 758	−3.16
B	126.13	138.05	−8.63	24 375	38 012	−35.87
C	160.62	139.91	14.80	44 750	43 282	3.39

簇类三中主体样本具备出力峰值偏早、出力下降迅速的特点，不同模型场景缩减样本对于平均值的偏离程度不尽相同。可看到在模型 A 中，场景缩减所得样本在 9～10 h 时段内出力爬升速率较平均值快，在 12～14 h 时段与

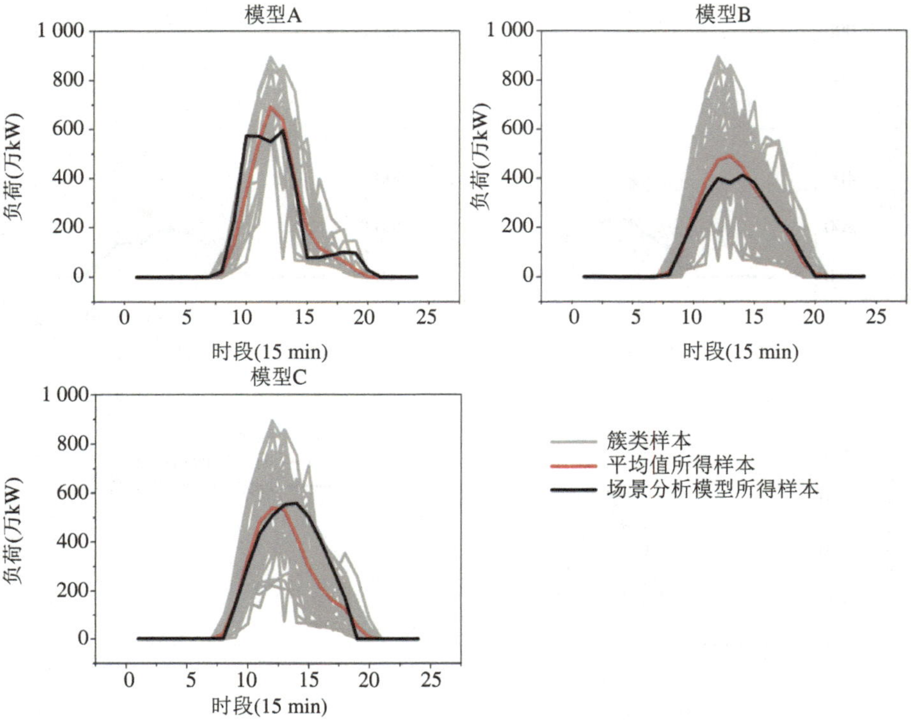

图 3.4.6 簇类三各模型场景削减对比图

平均值样本重合程度高，曲线整体轮廓特征和变化趋势与簇类大多数样本较为一致，较好地反映簇类样本场景特性。而在模型 B 与 C 中，可发现场景缩减所得样本曲线出力波动较为平缓，这同簇类主体样本曲线变化趋势不一致；尽管场景缩减所得样本曲线同样和平均值曲线在部分时段下存在一定程度上的重合，但对比曲线峰值发生时段可发现已有明显偏移，场景缩减样本同平均值偏离程度较 A 组高。

表 3.4.8 簇类四各模型场景削减指标对比结果

模型	均值			方差		
	场景缩减	平均值	$\Delta\mu$（%）	场景缩减	平均值	$\Delta\sigma^2$（%）
A	199.38	184.32	8.17	58 879	50 372	16.89
B	194.19	196.72	−1.29	57 680	60 824	−5.17
C	205.21	199.03	3.11	65 790	61 186	7.52

在簇类四中，样本主体为出力波动较小的阴天场景，部分样本于午间时

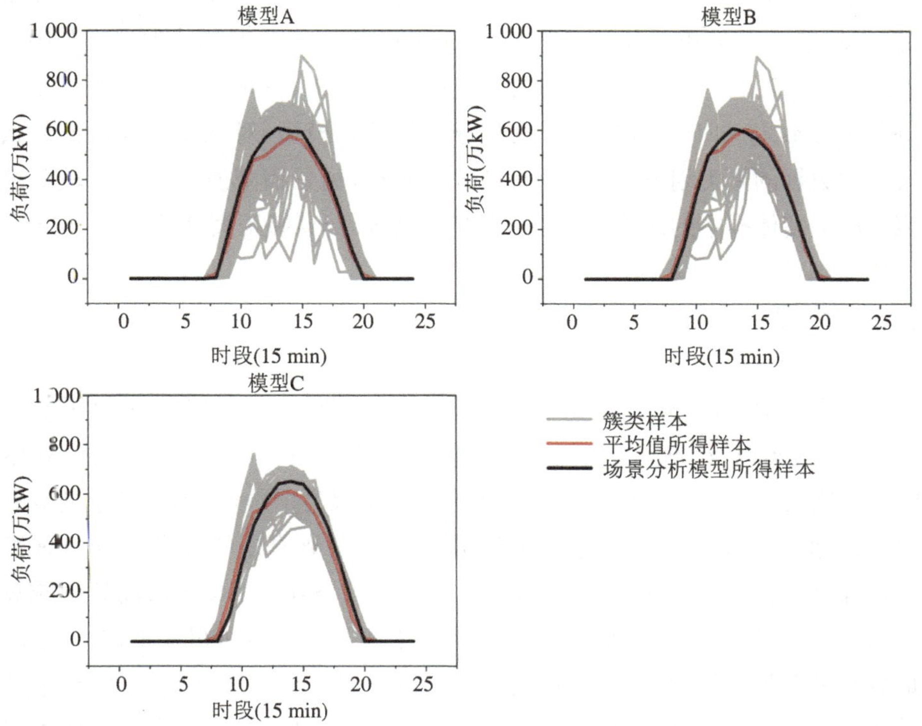

图 3.4.7　簇类四各模型场景削减对比图

段存在些许出力波动。在不同模型场景缩减样本同平均值样本的对比中可发现，场景缩减所得样本曲线整体变化趋势与轮廓特征同平均值样本较为接近；但 A、B 两组相较于平均值样本曲线，出力峰值时段均有所提前，而 C 组曲线整体则略微向右偏移，对簇类样本的代表性较弱。

分别计算并比较三组模型在四类簇类中的平均指标，见表 3.4.9。

表 3.4.9　不同模型场景削减样本与平均值所得样本指标比较

	均值	$\Delta\mu$（%）	方差	$\Delta\sigma^2$（%）
模型 A	170.14	−0.81	60 156	6.94
平均值所得样本	171.66		56 250	
模型 B	157.55	−8.66	48 554	−16.44
平均值所得样本	172.49		58 104	
模型 C	203.87	27.94	73 989	20.23
平均值所得样本	180.45		61 537	

根据表 3.4.9 对比不同模型的评价指标平均值，可发现 A 组整体表现最佳，相较于 B、C 两组，可减小 13.42～21.9 的均值差，相对均值的减小范围在 90.65%～97.10%，相对方差的减小范围在 57.79%～65.69%，表明基于改进 K-means 与 SBR 的光伏场景聚类分析与缩减模型，对该流域地区的光伏日出力数据的聚类划分质量高，场景区分明显，场景缩减所得样本可较好地表征簇类整体样本的曲线变化趋势与轮廓特征，场景特征概括性强。

3.5 小结

在本章中，对光伏年出力数据进行了场景分析以及缩减，构建了改进 K-means聚类以及 SBR 光伏场景削减模型。首先，从样本离差平方和、样本畸变程度与聚类数的变化中确定最佳光伏场景聚类个数，并提出场景削减有效性指标；随后，建立基于密度思想、最大最小距离原则的改进 K-means 算法，提高聚类中心选取质量；最后基于坎诺维奇距离的 SBR 光伏场景削减算法，对不同簇类中的样本进行筛选，并与基于簇类平均值所得样本进行比较。最后结果表明，所建立模型可对光伏场景做到有效分类，不同簇类间样本差异性明显；在场景削减中所得样本对簇类代表性较强，可较为直观地体现出光伏簇类场景特性。

第 4 章
水光互补系统中长期优化调度

4.1　水光互补系统水电站中长期优化调度模型

水光互补系统中长期优化调度的主要目的在于充分利用径流以及光伏出力的季节性信息，通过调节径流年内和年际分配，在充分利用水能的同时，促进光电的消纳，最终达到整个系统综合利用效益的最大化。目前，中长期水光互补调度研究从系统发电总量、质量、保证率、成本，以及河流生态影响等多方面、多角度进行了目标优化。本书主要介绍以光伏消纳量最大、水光合计电量最大为目标的优化调度模型。

4.1.1　长期优化调度模型

长期优化调度以年为调度周期，月为计算步长，其中采用水电月均出力、光伏逐时月均出力，以光伏消纳量最大、水光合计电量最大为目标函数，如式(4.1.1)至式(4.1.4)所示。

(1) 光伏消纳电量最大

$$W^p = \max\sum_{m=1}^{M} W^p_m \tag{4.1.1}$$

$$W^p_m = \sum_{d=1}^{D^m}\sum_{t=1}^{T} W^p_{m,d,t} \tag{4.1.2}$$

$$W^p_{m,d,t} = \begin{cases} (N^c_{m,d,t} - N^h_{i,m})\Delta t, & N^p_{m,d,t} + \sum_{i=1}^{I} N^h_{i,m} > N^c_{m,d,t} \\ N^p_{m,d,t}\Delta t, & N^p_{m,d,t} + \sum_{i=1}^{I} N^h_{i,m} < N^h_{i,m} \end{cases} \tag{4.1.3}$$

式中：W^{p} 为全年光伏消纳电量，kW·h；W_{m}^{p} 为第 m 月光伏消纳电量，kW·h；$N_{i,m}^{h}$ 为第 i 个电站在第 m 月内水光互补后的月均水电出力，MW；$W_{m,d,t}^{p}$ 为第 m 月 d 天 t 时段的光伏消纳电量，kW·h；M 为该年内的月数，$M=12$；T 为日内小时数，$T=24$。

（2）水光合计电量最大

$$W=\max\sum_{m=1}^{M}\left(\sum_{i=1}^{I}N_{i,m}^{h}D^{m}T\Delta t+W_{m}^{p}\right) \tag{4.1.4}$$

式中：W 为年水光合计发电量，kW·h。

为更加符合水光互补系统实际运行条件，在优化调度过程中还需考虑如下约束条件。

（1）水电站水量平衡约束

$$\begin{cases}V_{i,t+1}=V_{i,t}+(RQ_{i,t}-XQ_{i,t})\Delta t\\ XQ_{i,t}=Q_{i,t}+S_{i,t}\end{cases} \tag{4.1.5}$$

式中：$V_{i,t}$、$V_{i,t+1}$ 分别为第 i 个水电站第 t 个时段初、末水库蓄水量，m^{3}；$RQ_{i,t}$ 为第 i 个水电站第 t 个时段入库流量，m^{3}/s；$XQ_{i,t}$ 为第 i 个水电站 t 个时段的下泄流量，m^{3}/s；$Q_{i,t}$ 为第 i 个水电站第 t 个时段的发电流量，m^{3}/s；$S_{i,t}$ 为第 i 个水电站第 t 个时段弃水流量，m^{3}/s；Δt 为计算时段长度，s。

（2）上下游水力联系

对于处在同一干流的电站，上游电站下泄的水量会汇入到下游电站，和区间流量一起共同构成下游电站的入库径流。

$$RQ_{i,t}=XQ_{i-1,t}+QJ_{i,t} \tag{4.1.6}$$

式中：$XQ_{i-1,t}$ 为第 $i-1$ 个水电站（第 i 个水电站的上游电站）的下泄流量，m^{3}/s；$QJ_{i,t}$ 为第 $i-1$ 个电站到第 i 个电站的区间流量，m^{3}/s。

（3）水位限制

$$Z_{i,\min}\leqslant Z_{i}\leqslant Z_{i,\max} \tag{4.1.7}$$

式中：$Z_{i,\min}$ 为第 i 个水电站第 t 个时段允许最低运行水位，为死水位，m；$Z_{i,\max}$ 为第 i 个水电站第 t 个时段允许最高运行水位；Z_{i} 为正常蓄水位，m。

（4）发电流量限制

$$Q_{i,t\min}\leqslant Q_{i,t}\leqslant Q_{i,t\max} \tag{4.1.8}$$

式中：$Q_{i,t\min}$ 取第 i 个水电站第 t 个时段水库的最小生态流量与水轮机要求的最小引水流量的较小值，m^3/s；$Q_{i,t\max}$ 为第 i 个水电站第 t 个时段最大允许引水流量，m^3/s。

（5）水电站出力约束

$$N_{i,t\min} \leqslant A Q_{i,t} H_{i,t} \leqslant N_{i,t\max} \tag{4.1.9}$$

式中：$N_{i,t\min}$ 为第 i 个水电站第 t 个时段水电站机组被允许的最小出力，MW；$N_{i,t\max}$ 为第 i 个水电站第 t 个时段允许的最大出力，即预想出力，MW；A 为出力系数。

（6）通道约束

$$N^{h,p}_{m,d,t} \leqslant N^{c}_{m,d,t} \tag{4.1.10}$$

式中：$N^{h,p}_{m,d,t}$为第 m 月第 d 天第 t 个时段的水光合计出力，MW；$N^{c}_{m,d,t}$为第 m 月第 d 天第 t 个时段通道允许出力，MW。

4.1.2　水光互补系统水电站中期优化调度模型

中期优化调度以月为调度周期，以日为计算步长，其中采用水电日均出力、光伏逐时平均出力，以光伏消纳量最大、水光合计电量最大为目标函数，如式(4.1.11)至式(4.1.14)所示。

（1）光伏消纳电量最大

$$W^{p}_{m} = \max \sum_{d=1}^{D^m} W^{p}_{m,d} \tag{4.1.11}$$

$$W^{p}_{m,d} = \sum_{t=1}^{T} W^{p}_{m,d,t} \tag{4.1.12}$$

$$W^{p}_{m,d,t} = \begin{cases} (N^{c}_{m,d,t} - N^{h}_{i,m,d})\Delta t, & N^{p}_{m,d,t} + \sum\limits_{i=1}^{I} N^{h}_{i,m,d} > N^{c}_{m,d,t} \\ N^{p}_{m,d,t}\Delta t, & N^{p}_{m,d,t} + \sum\limits_{i=1}^{I} N^{h}_{i,m,d} < N^{h}_{m,d,t} \end{cases} \tag{4.1.13}$$

式中：W^{p}_{m} 为第 m 月光伏消纳电量，kW·h；$W^{p}_{m,d}$ 为第 m 月第 d 天光伏消纳电量，kW·h；$N^{h}_{i,m,d}$ 为第 i 个电站在第 m 月第 d 天水光互补后的水电日均出力，MW；$T=24$；$\Delta t=1$，h。

(2) 水光合计电量最大

$$W_m = \max(\sum_{i=1}^{I} N_{i,m,d}^{h} T \Delta t + W_{m,d}^{p}) \tag{4.1.14}$$

式中：W_m 为年水光合计发电量，kW·h。

中期优化调度模型的约束条件与长期优化调度模型一致，也需要满足4.1.1节中所述的约束条件。

4.2 大系统分解协调优化算法

本书提出一种水光互补中长期调度大系统分解协调优化算法，引入水光短期互补中水电的临界出力信息，将调度过程分为年、月时间尺度，明确各个时间尺度的调度规则，通过水库优化数学原理，利用年、月尺度调度策略指导逐日水光互补调度运行。在保障水电发电量的基础上，充分消纳光伏电量，降低光伏出力超出输电通道最大负荷的弃光电量，达到水光效益总和最优的效果，计算结果显示本书所提出的大系统分解协调运行算法可以优化水光互补系统的调度运行方式。

水光互补中长期调度大系统分解协调优化算法步骤如下：

(1) 以水电量最大为目标，求解水库单独运行时长期调度方式，获得各月水电月均出力，根据光伏典型年内逐时出力信息，获得年内每日的光伏逐时信息。

(2) 根据(1)得到水电最优调度下水光系统第 m 月每日的光伏逐时出力，水电月均出力、水电出力上限、水电出力下限、输电通道最大负荷，计算 m 月"需调""可调""临界出力"，若第 m 月"需调">"可调"，通过降低 m 月的月均出力至临界出力，使得该月"需调"="可调"，m 月降低的水电量则通过迭代计算转移至 m 月之前的月份，再通过水光互补长期优化调度计算，确定水光互补长期优化调度下各月水电月均出力和月初月末水位。

(3) 根据(2)水光互补长期优化调度方式获得的临界出力与 m 月水电平均出力，计算各月缩放系数 K_m，如式(4.2.1)所示。根据 m 月每日的光伏逐时出力、m 月每日的临界出力 $N_{l,m,d}^{h}$，计算 m 月每天的水电日均出力 $\sum_{i=1}^{I} N_{i,m,d}^{h}$，如式(4.2.2)所示。

$$K_m = \frac{N_{l,m}^{h}}{\sum_{i=1}^{I} N_{i,m}^{h}} \tag{4.2.1}$$

$$\sum_{i=1}^{I} N_{i,m,d}^{h} = K_m N_{l,m,d}^{h} \tag{4.2.2}$$

(4) 根据(2)获得的月初水位，根据(3)获得的月内水电日均出力，采用“以电定水”方式，推算月内逐日水位过程，通过修正各月缩放系数，直到推算月内逐日水位过程中的月末水位与(2)获得的月末水位小于一定误差；通过进行水光互补中期优化调度计算，确定水光互补中期优化调度方式。

4.3　实例分析

4.3.1　工程背景

本节的实例分析背景同2.4节相同，主体以澜沧江上游西藏段流域为例，该流域大致情况详见2.4节。

目前，澜沧江上游西藏段六座梯级水电站——班达、如美、邦多、古学、曲孜卡及古水均在规划设计阶段。在这六座梯级水电站中，由于如美水电站调节库容最大，具有年调节能力，因此本节选取如美水电站作为中长期水光互补优化调度的分析对象。如美水电站的基本情况如下：

如美水电站位于西藏自治区芒康县内，是澜沧江上游河段(西藏境内河段)规划一库七级开发方案的第五个梯级。坝址流域面积7.94万km^2，多年平均流量6 483 m^3/s。如美水电站以发电为主，其死水位2 815 m，正常蓄水位2 895 m，调节库容24.33亿m^3，属年调节水库。如美水电站在澜沧江上游梯级水电开发中具有唯一性和不可替代性，在澜沧江上游水电能源基地开发中战略地位十分重要。如美水电站特征参数见表4.3.1，如美水库水位与库容曲线和尾水位与流量曲线分别见图4.3.1、图4.3.2。

表4.3.1　如美水电站特征参数

特征参数		单位	数值
水库参数	死水位	m	2 815.0
	正常蓄水位	m	2 895.0
	调节库容	亿m^3	24.33
电站参数	装机容量	MW	2 600
	年平均利用小时	h	4 991
	年发电量	亿kW·h	104.82

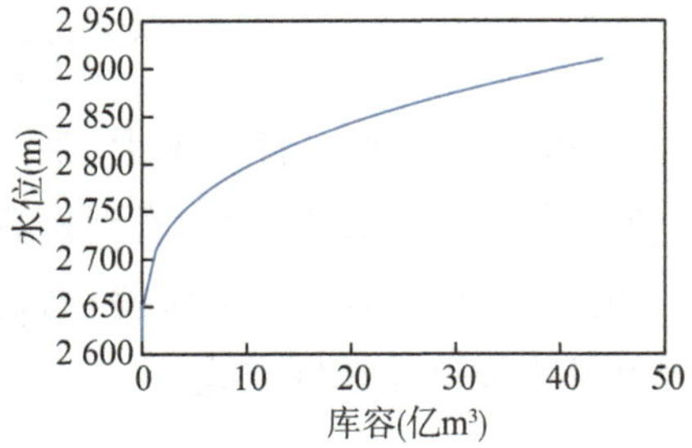

图 4.3.1　如美水库水位与库容曲线

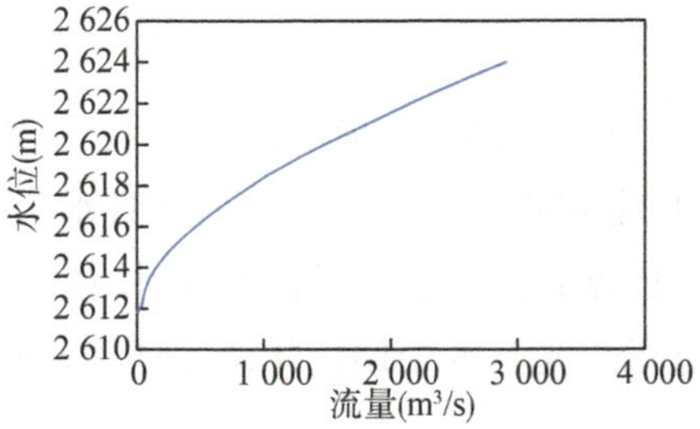

图 4.3.2　如美水库尾水位与流量曲线

4.3.2　水光互补系统中长期优化调度结果分析

设立互补运行和独立运行两种不同的系统运行方式，用以对比分析水能互补系统的综合影响：(1)水光互补运行：考虑水光之间的互补性，光伏出力先接入梯级水电站，由水电优化调节后，联合打捆经由输电通道送出；(2)水光独立运行：不考虑水光之间的互补作用，光伏出力与水电单独优化调度后的出力经由输电通道送出。

在历史径流资料中选取三种具有代表性的水文年：偏丰年、平水年和偏枯年，对应的来水频率分别为：34.8%、50.1%、65.2%，以此来研究长期尺度下水光互补运行对水库水位消落过程的影响。

图 4.3.3(a)、(b)、(c)分别显示了径流偏枯年、平水年、偏丰年时弃光月份在中长期水光互补前后的光伏消纳率及水光互补基地的电量对比。

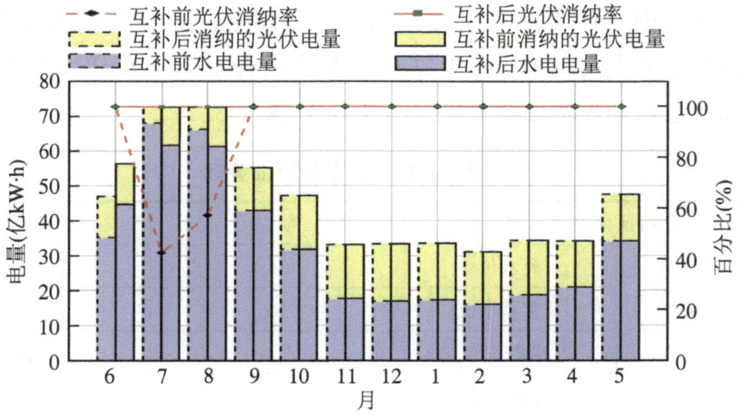

(a) 偏枯年

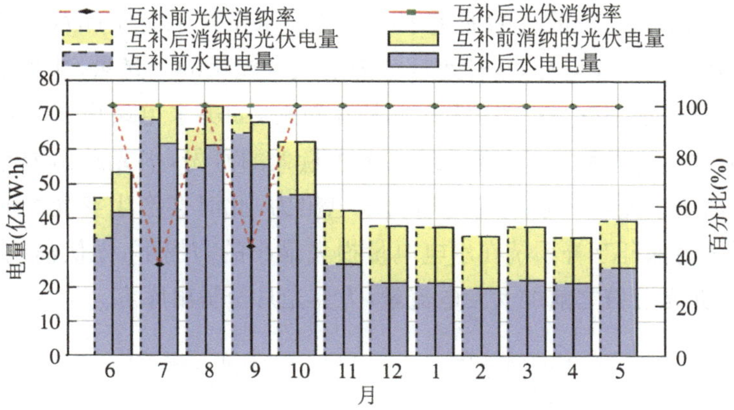

(b) 平水年

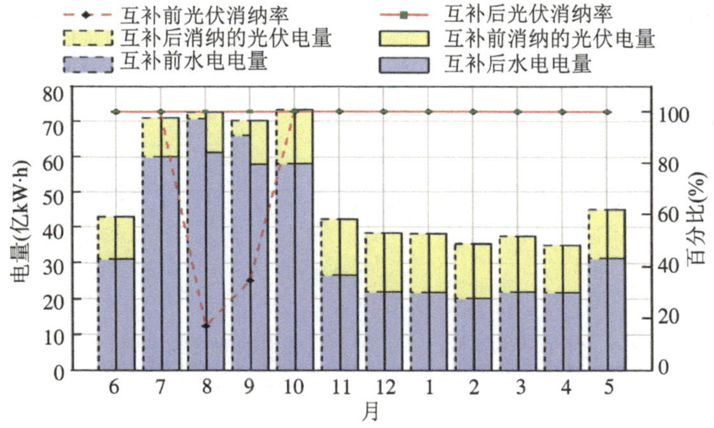

(c) 偏丰年

图 4.3.3　互补前后水光系统电量、光伏消纳率对比

通过对全年水电及光伏逐月出力过程分析，三种典型年全年光伏消纳率在中长期水光互补后均得到了提升，且在偏枯年、平水年，因水光互补导致的水电效益损失远小于光伏效益增益。但在偏丰年，水光互补导致的水电效益损失与光伏效益增加值大致相等，原因在于径流来水偏丰，汛期水电出力已逼近水电出力上限，当水光互补优化调度出现弃水时，无法通过加大之前月份的水电出力来腾出库容，减少弃水。由偏丰年的水光互补前后的电量变化可知，互补后光伏消纳需通过损失水电来实现，故在弃光月份水位骤增至上限值，产生了大量弃水，导致水电效益损失接近光伏效益增加值。

图 4.3.4(a)、(b)、(c)分别显示了径流偏枯年、平水年、偏丰年时弃光月份在中长期水光互补前后的如美水电站的弃水量及上游水库水位变化。由图可知，相对于独立运行，互补运行时为了减少光伏的弃光量，如美水电站水库的水位将提前消落，这是因为在互补运行时，如美水电站出力若按照互补前运行时的出力过程发电，将导致在来水量大的月份，水光总出力超出输电通道，又由于水光互补系统优先输出水电出力，此时会产生弃光。而互补运行时，系统为保证互补系统在水电电量损失最小的前提下，光伏消纳率最大，将在发生弃光月份之前加大发电流量，为弃光月份腾出库容。

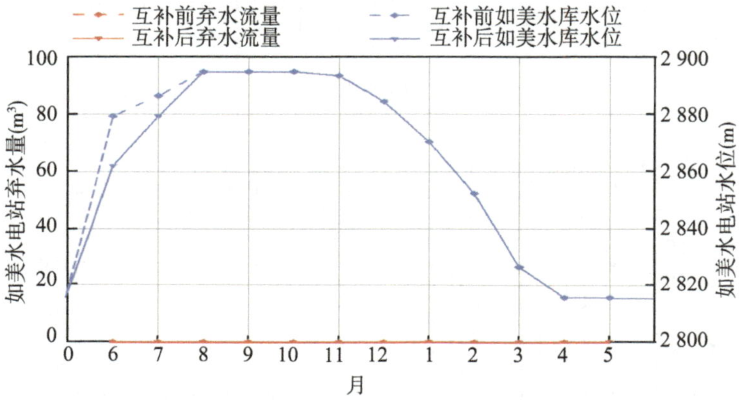

(a) 偏枯年

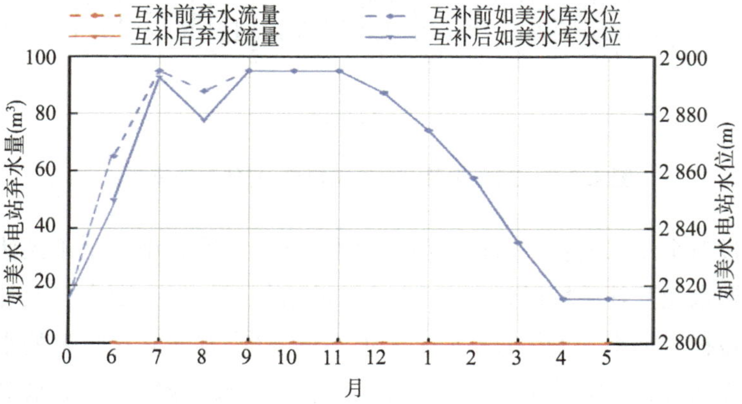

(b) 平水年

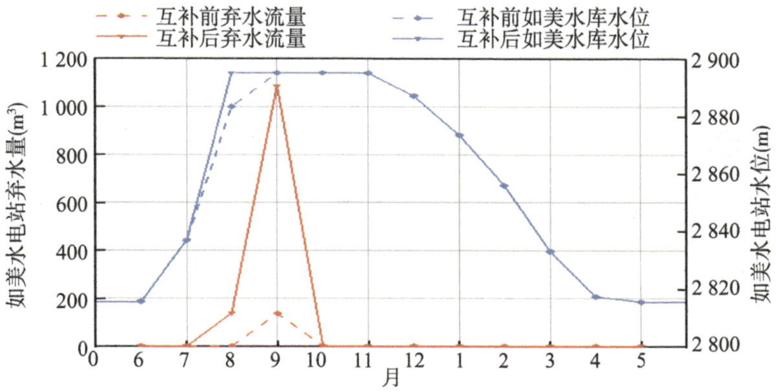

(c) 偏丰年

图 4.3.4　互补前后水光系统水电站的弃水量、水位对比

上述“年”调节求得水电月均出力后，继续通过月、日调节分别求得水电日均出力、逐时出力，达到从年内、月内，到日内，多时间尺度分层协调水光互补优化调度，逐级优化水光互补系统水电出力过程的目的。

4.4　小结

本章建立了全调度期内水光互补系统发电效益最优的中长期优化调度模型，采用大系统分解协调算法来求解调度模型，并为短期调度提供日水位边界。以如美水电站为例，考虑水光互补运行和水光独立运行两种情况，对比分析了互补系统的综合影响：在长时间尺度，水光互补运行会影响水库水位的消落方式，相对于水光独立运行，水库水位将在枯期提前消落，以避免互补系统产生弃光。

第5章 水光互补系统调度图研究

为指导基地水电站运行调度，一般采用水库调度图的方法。本章结合水库入库径流特性和光伏出力特性，讲述水光互补调度图的绘制方法与应用策略，为基地水光互补运行调度提供支撑。

5.1 常规调度图绘制

水库调度的主要任务包括供水、灌溉和发电等。兴利调度应合理调配水资源，充分发挥水库的综合效益，其具体实施过程应根据规划设计目标、兴利任务的主次关系和实测径流资料来确定。单一兴利任务对应的调度图包括限制供水(出力)线和上、下基本调配线和水位线等，各调度线的绘制需依据不同的供水情况，各调度线之间组成水库的调度工作区间。当水库的水量(水库水位)位于不同区间时，则水库按照对应的区间工作要求进行调度。水库的常规调度，是指通过水库调度图管理运行水库的调度方式。水库调度图是依据枢纽的综合利用任务及实测径流资料编写而成的，由个别带有控制性含义的水库蓄水量(或水位)变化过程线(称为调度线)组成。

水库调度图可用来合理决定和校核水电站的动能指标(出力和发电量)与水电站的主要参数(装机容量、正常蓄水位及死水位等)，且用以指导水库的运行调度，以此提高各水利部门的工作水量利用率和可靠性，增加编制各部门生产任务的计划性和预见性，更好地发挥水库的综合利用作用；水库调度图操作简便并广泛应用于水库的中长期调度。

5.1.1 代表年法编制水库调度图

代表年法通常在编制单一调度任务年调节水库的水库调度图时使用。

虽然代表年法广泛使用，但关于代表年的选取方法在不同规范中不尽相同，导致编制的调度图普遍存在差异。《水库调度设计规范》(GB/T 50587—2010)和《水利工程水利计算规范》(SL 104—2015)是目前编制水库调度图的规范，前者以年用水量或年来水量接近设计保证率的年份作为代表年，后者则是根据丰、枯水期水量接近保证率的原则选取代表年。这两种方法存在差异。当各年用水量基本一致时，选取的代表年基本一致，但如遇到径流系列年内水量变化较大、丰枯季划分困难和年用水量变幅较大的长系列径流资料时，则导致选取的代表年差异较大，从而影响调度图的绘制。因此，在代表年的选取中，需进行一系列的修正，以尽可能减少代表年选取的随意性。在选取代表年并完成修正后，根据兴利调度中计算得到的各任务调节流量绘制基本调度线。基本调度线的绘制采用逆时序计算方法，对各代表年从供水期末死水位开始，逆时序调节计算求得各月的水位过程至蓄水期初，并且要使蓄水期初的水位回落到死水位。逆时序调节计算与顺时序计算不同，顺时序是按照蓄、供水要求计算水库水位变化的。逆时序则是反推演算，在供水期内水库当月需要供水时，代表水库在月初至少要蓄满相应的供水量，则水位从月末低水位逆时序上升到月初高水位；当水库到蓄水期且该月不需要库容供水时，把来水减去供水的多余水量视为水库从月初到月末的蓄水量，因此水库水位就要从月末高水位逆时序降低到月初低水位。

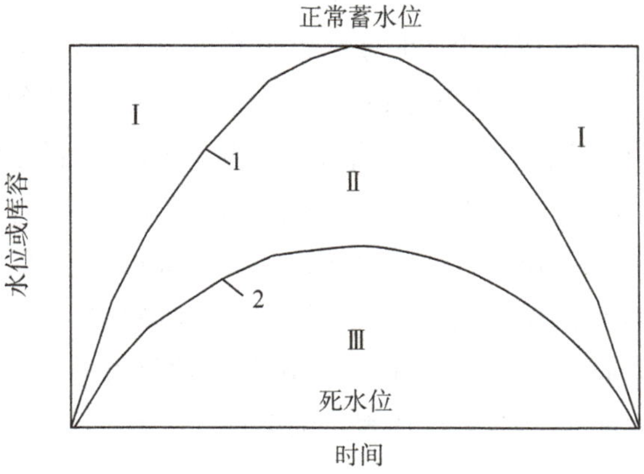

1—防破坏线；2—降低供水/出力线；Ⅰ—加大供水区域或加大出力区；
Ⅱ—保证供水区域或保证出力区；Ⅲ—降低供水区域或降低出力区。

图 5.1.1　常规调度图

水库在逆时序计算过程中采用的调节流量为保证出力对应流量或正常供水流量，防破坏线（1线）是取各代表年计算结果的上包线，降低供水出力线（2线）则是取计算结果的下包线，两者分别表示水库在正常运行过程中的最高和最低水位，防破坏线与降低供水/出力线之间的区域是水库的保证供水区或保证出力区（Ⅱ区），降低供水/出力线与死水位之间的区域为降低供水区或降低出力区（Ⅲ区），防破坏线与正常蓄水位之间的区域为加大供水区或加大出力区（Ⅰ区）。其绘制情况如图5.1.1所示。

采用代表年法编制的水库调度图还需要进行长系列检验，将长系列径流资料按照调度图的规则进行顺时序检验，得到相应的保证率并与设计保证率比较，如有误差就需要人为对调度图进行修改。

5.1.2 长系列法编制水库调度图

代表年法作为我国编制年调节水库常规调度图的常用方法，其在编制过程中依旧存在一些问题。随着国内计算机技术的成熟以及水库径流资料的不断丰富，采用长系列法计算水库调节性能越来越常见。因此，《水利工程水利计算规范》（SL 104—2015）中提出对灌溉水库调度图应根据长系列资料进行计算编制。

相较代表年法，长系列法采用历史径流资料编制的结果更具有代表性，且径流系列大于30年。长系列法在基本调度线的编制方法上也有所区别，对长系列资料的每一年，均采用逆时序法推算水库逐月（或旬）的水位过程。防破坏线由来水频率在设计保证率以内的各年份中逐月（或旬）的水位过程线的上包线组成，水库调节流量为符合设计保证率的正常供水流量；降低供水线则是对超出保证率的破坏年份，对供水量进行折扣后进行逆时序调节计算，取各月（或旬）的水位过程线的上包线。如有降低供水线高于防破坏线的情况，代表破坏年份的供水量过高，需要进一步缩减枯水年的用水量，使降低供水线低于防破坏线。通过区分破坏年份与正常年份的供水要求，长系列法能够满足设计保证率要求，且比代表年法更具有代表性。

5.2 水光互补系统调度图绘制

常规调度图以充分发挥水库自身效益为目标进行绘制，当大规模光伏出力接入水电站时，其对水电站原有调度运行方式造成影响，原有的常规调度图并不能有效适应光伏接入的情况。本书提出光伏接入背景下的水库优化调度图。

水光互补调度图作为一种长期调度规则，旨在利用光伏、水能资源的季节性分布规律和互补特性，提高混合发电系统在长时间尺度的发电效益。常规水库调度图通常以调度所在时段和当前水库水位（库容）状态作为决策依据，不能有效利用光伏出力和径流等信息。在常规水库调度图的基础上，针对水光互补系统，提出适用水光互补系统的调度图的绘制方法。

5.2.1　计算代表年的选择和处理

选取代表年的标准分为按供水期水量选取、按年水量选取和按供水期平均出力选取，所选取的代表年要满足以下三个条件：(1) 年内径流分配特性有所差别；(2) 供水期平均出力应接近或等于保证出力；(3) 供水期的起始时刻要与设计保证率范围内大多年份相同，一般选取的代表年不少于 3 年，与代表年径流年内分配差别是否明显有关。代表年的修正的方法也不尽相同，分别是按调节流量修正法和按保证出力修正法。尽管选取代表年的方法有较多不同，但最终选取的代表年基本一致，修正效果的差别也微小。

水光互补系统的弃光现象是由于光伏出力和水电出力的联合出力超出输电通道造成的，因此弃光现象主要发生在每年的汛期来水量大的时候，故在汛期水电站如何运行才能平抑光伏出力的波动性，成为长时间尺度水光互补的核心思路。

在径流频率小、来水偏丰的年份，由于水电出力已经几乎占满了输电通道，若水光互补则会产生大量的弃水，故以水量利用率最大化为目标运行。在枯水年时，由于全年的来水量小，尽管按水电自身最优运行，也不会产生弃光，故长时间尺度的水光互补调度图主要指导平水年、枯水年及偏枯年的水电出力过程。

因水光互补调度图主要指导汛期为平水、偏枯的水文年，故以长系列的蓄水期水量为挑选代表年的标准。且蓄水期的水量大小对水光互补的弃光较敏感，对长系列的蓄水期水量排频后，根据排频结果将资料分为 50%～60%、60%～70%、70%～80%、80%～90%、90%～100%的 5 个蓄水期径流集，分别绘制对应 5 个蓄水径流集的水光互补调度图。各径流集对应的水文年作为绘制各水光互补调度图的代表年。

5.2.2 调度线绘制的步骤

(1) 将汛期径流资料进行排频，根据排频结果将资料分为 50%～60%、60%～70%、70%～80%、80%～90%、90%～100%的 5 个径流集。

(2) 选择第 n 个汛期径流集的第 m 个代表年；根据此代表年的汛期流量过程和对应年份的光伏出力过程，按每月的临界出力自蓄水期初的死水位顺时序逐时段计算至水库蓄满，确定每个典型年的蓄满月份。

(3) 由(2)得到的蓄满月份的月末开始，再按每月临界出力逆时序逐时段计算至蓄水期初得到蓄水过程线；将此线加入第 n 个蓄水过程线集；循环步骤(2)、(3)直至所有代表年均计算完成。

(4) 由于各代表年年内径流分配不同，推求得到的指示线也不一样，取各蓄水过程线集上、下包络线，作为各汛期径流集的汛期上、下基本调度线。

(5) 将所有径流资料的枯水期资料组成枯水期径流集；选择其中某个径流数据，由枯水期末死水位开始起调，按保证出力逆时序计算至枯水期初，得到放水过程线；将此线加入放水过程线集；取放水过程线集的上、下包络线，得到枯期上、下基本调度线。

(6) 枯期上、下基本调度线与各汛期径流集的上、下基本调度线分别进行组合，形成 5 个水光互补调度图，最终得到长时间尺度的水光互补调度图集。

这一调度图绘制方法充分利用了光伏、水能资源的季节性分布规律和互补特性，提高了混合发电系统在长时间尺度的发电效益。此方法不仅考虑了多种约束条件，而且效率高、使用方便，所得结果符合工程实际要求，有利于电网的稳定运行，也可以为电力调度方案的制定提供有益参考。

在实际工程应用中，水光互补调度图用于指导水光互补系统的水电调度，应用策略如下：

(1) 根据入库径流，计算汛期、枯期来水频率，选取与来水频率一致的水光互补调度图。

(2) 汛期针对该月来水和水库当前水位，以水光互补系统月均临界出力发电，计算确定水库控制水位。根据计算得到的控制水位与水光互补调度图进行对比分析，确定水电站运行调度水位。

若计算得到的控制水位在水光互补调度图该月上、下基本调度线中间，则可以直接采用水光互补系统月均临界出力指导发电。若计算得到的月末水位在水光互补调度图该月下基本调度线下面，则以基本调度线下限为控制降低发电出力。若计算得到的月末水位在水光互补调度图该月上基本调度线以上，则以基本调度线上限为控制加大发电出力。

根据水库当前水位、水光互补系统月均临界出力、梯级上下游水力联系等，可以计算得到梯级各个电站的出力、水位、流量等，指导各个电站的实际运行调度。

(3) 枯期针对该月来水和水库当前水位，以水光互补系统保证出力发电，计算确定水库控制水位。根据计算得到的控制水位与水光互补调度图进行对比分析，确定各个电站运行调度水位。

若计算得到的控制水位在水光互补调度图该月上、下基本调度线中间，则可以直接采用混合系统保证出力指导发电。若计算得到的控制水位在水光互补调度图该月下基本调度线下面，则混合系统水电站需要降低出力发电，让水位尽快升到上、下基本调度线之间。若计算得到的控制水位在水光互补调度图该月上基本调度线上面，则基地需要加大出力发电，让水位尽快回落到上、下基本调度线之间。

5.3　实例应用

本节的实例应用工程背景与2.4节和4.3节相同，以澜沧江上游水光互补基地中的如美水电站为例，绘制其水光互补调度图。

5.3.1　选取代表年

径流资料的年份为1953—2018年，汛期为6月至9月，采用按月为一时段的方式，死水位为2 815.0 m，正常蓄水位为2 895.0 m，防洪限制水位与正常蓄水位相同。

通过对长系列水文年的蓄水期水量排频，将径流资料分为50%～60%、60%～70%、70%～80%、80%～90%、90%～100%的5个蓄水期径流集，各径流集对应的水文年作为绘制各水光互补调度图的代表年，见表5.3.1。

5.3.2　水光互补调度图的绘制

通过上节介绍的水光互补调度图的绘制步骤，得到了各汛期径流集对应的汛期上基本调度线的结果，见表5.3.2，下基本调度线的结果见表5.3.3。

表 5.3.1 不同径流集的代表年

频率	50%～60%	60%～70%	70%～80%	80%～90%	90%～100%
代表年	1989—1990	1969—1970	2007—2008	1995—1996	1972—1973
	2013—2014	1977—1978	2016—2017	1968—1969	1959—1960
	1976—1977	1983—1984	2002—2003	1971—1972	1992—1993
	1979—1980	2011—2012	1958—1959	1984—1985	1973—1974
	1988—1989	1953—1954	1997—1998	2006—2007	1994—1995
	1975—1976	1978—1979	2015—2016	1967—1968	1986—1987

表 5.3.2 各汛期径流集的汛期上基本调度线 单位:m

径流集名称	6 月水位	7 月水位	8 月水位	9 月水位	10 月水位	11 月水位
50%～60%汛期径流集	2 816	2 844	2 880	2 883	2 895	2 895
60%～70%汛期径流集	2 816	2 871	2 895	2 895	2 895	2 895
70%～80%汛期径流集	2 816	2 889	2 895	2 895	2 895	2 895
80%～90%汛期径流集	2 816	2 895	2 895	2 895	2 895	2 895
90%～100%汛期径流集	2 816	2 895	2 895	2 895	2 895	2 895

表 5.3.3 各汛期径流集的汛期下基本调度线 单位:m

径流集名称	6 月水位	7 月水位	8 月水位	9 月水位	10 月水位	11 月水位
50%～60%汛期径流集	2 816	2 816	2 840	2 861	2 895	2 895
60%～70%汛期径流集	2 816	2 816	2 847	2 862	2 895	2 895
70%～80%汛期径流集	2 816	2 830	2 867	2 877	2 895	2 895
80%～90%汛期径流集	2 816	2 877	2 882	2 877	2 895	2 895
90%～100%汛期径流集	2 816	2 895	2 895	2 895	2 895	2 895

通过上节介绍的水光互补调度图的绘制步骤,得到了枯水期径流集对应的枯期上、下基本调度线的结果,见表 5.3.4。

表 5.3.4 枯期上、下基本调度线 单位:m

径流集名称	12 月水位	1 月水位	2 月水位	3 月水位	4 月水位	5 月水位	6 月水位
上基本调度线	2 895	2 889	2 879	2 865	2 849	2 833	2 816
下基本调度线	2 885	2 877	2 865	2 848	2 827	2 816	2 816

将得到的枯期上、下基本调度线与各汛期径流集的汛期上、下基本调度线分别进行组合,形成 5 个水光互补调度图,最终得到水光互补调度图集;水光互补调度图结果分别见表 5.3.5、表 5.3.6;50%～60%水光互补调度图见

图 5.3.1；60%～70%水光互补调度图见图 5.3.2；70%～80%水光互补调度图见图 5.3.3；80%～90%水光互补调度图见图 5.3.4；90%～100%水光互补调度图见图 5.3.5。

表 5.3.5　水光互补调度图上基本调度线结果表　　单位：m

径流集名称	6月	7月	8月	9月	10月	11月	12月	1月	2月	3月	4月	5月	6月
50%～60%汛期径流集	2 816	2 844	2 880	2 883	2 895	2 895	2 895	2 889	2 879	2 865	2 849	2 833	2 816
60%～70%汛期径流集	2 816	2 871	2 895	2 895	2 895	2 895	2 895	2 889	2 879	2 865	2 849	2 833	2 816
70%～80%汛期径流集	2 816	2 889	2 895	2 895	2 895	2 895	2 895	2 889	2 879	2 865	2 849	2 833	2 816
80%～90%汛期径流集	2 816	2 895	2 895	2 895	2 895	2 895	2 895	2 889	2 879	2 865	2 849	2 833	2 816
90%～100%汛期径流集	2 816	2 895	2 895	2 895	2 895	2 895	2 895	2 889	2 879	2 865	2 849	2 833	2 816

表 5.3.6　水光互补调度图下基本调度线结果表　　单位：m

径流集名称	6月	7月	8月	9月	10月	11月	12月	1月	2月	3月	4月	5月	6月
50%～60%汛期径流集	2 816	2 816	2 840	2 861	2 895	2 895	2 885	2 877	2 865	2 848	2 827	2 816	2 816
60%～70%汛期径流集	2 816	2 816	2 847	2 862	2 895	2 895	2 885	2 877	2 865	2 848	2 827	2 816	2 816
70%～80%汛期径流集	2 816	2 830	2 867	2 877	2 895	2 895	2 888	2 880	2 866	2 848	2 827	2 816	2 816
80%～90%汛期径流集	2 816	2 877	2 882	2 877	2 895	2 895	2 885	2 877	2 865	2 848	2 827	2 816	2 816
90%～100%汛期径流集	2 816	2 895	2 895	2 895	2 895	2 895	2 885	2 877	2 865	2 848	2 827	2 816	2 816

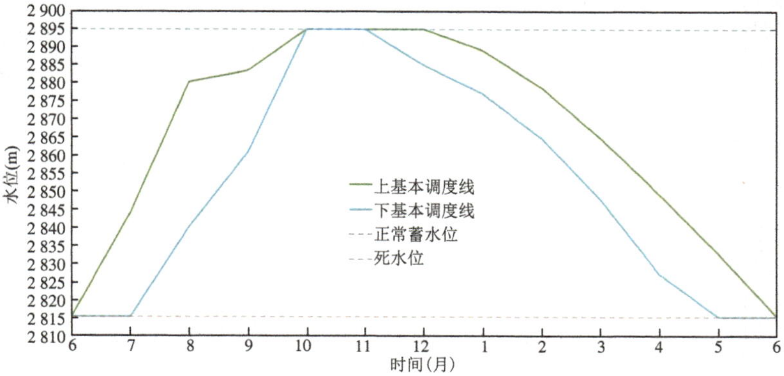

图 5.3.1　50%～60%水光互补调度图

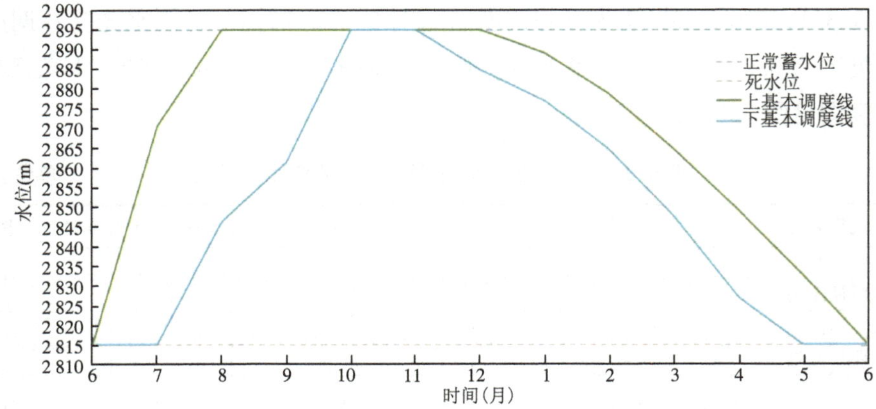

图 5.3.2　60%～70%水光互补调度图

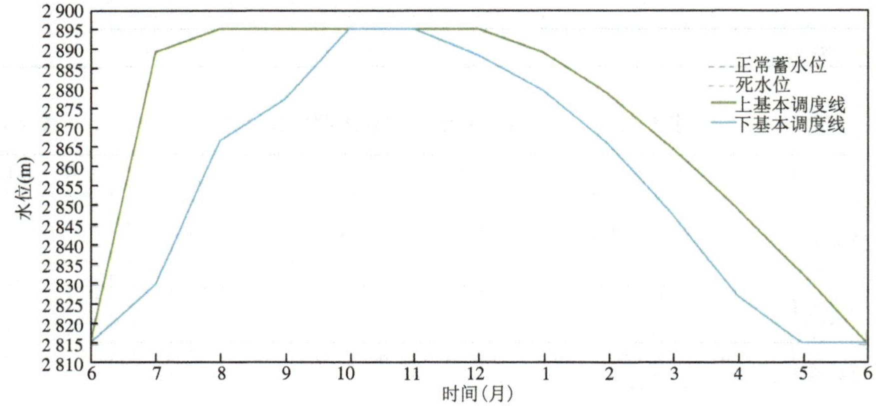

图 5.3.3　70%～80%水光互补调度图

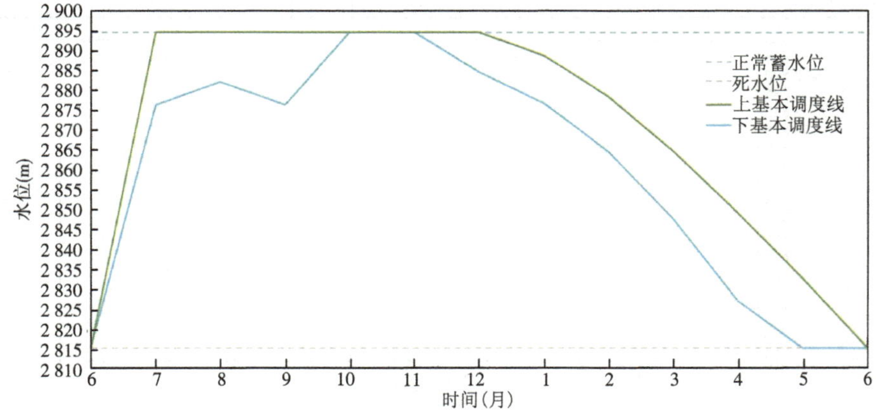

图 5.3.4　80%～90%水光互补调度图

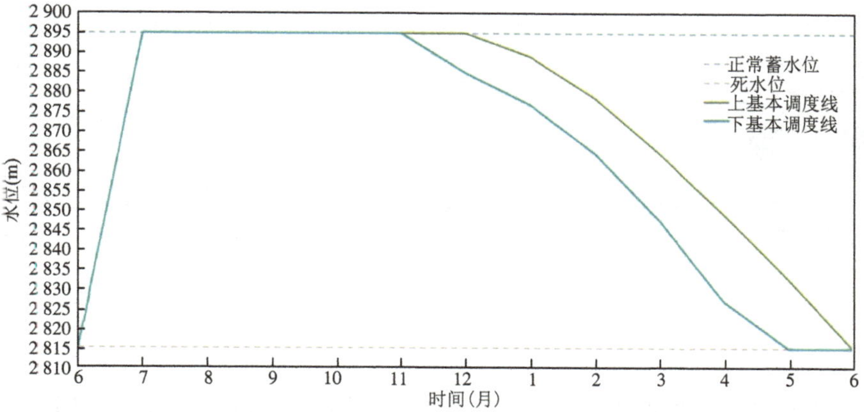

图 5.3.5　90%～100%水光互补调度图

5.4　小结

本章在中长期水光优化调度的基础上，介绍了按照来水频率分组绘制水光互补优化调度图的方法。按照预报条件下汛期不同的来水频率分组，在来水偏丰的年份，汛期以防弃水为调度原则，在来水平、偏枯的年份，汛期考虑光伏全部消纳，以水电月临界出力为控制，制定汛期水库水位上、下基本调度线，指导汛期不同来水频率的水光互补运行调度；枯期按基地保证出力制定基地上、下基本调度线，给出了水光互补调度图应用策略，指导基地枯期水光互补运行调度。

第 6 章 水光互补系统短期优化调度

传统水电短期调度的主要任务是指将长期调度分配给本时段(周、日)的输入能在更短的时段(日、小时和 15 min)间进行合理分配。该过程主要包括两个基本内容:发电计划编制(以水定电)和实时经济运行(以电定水)。水光互补系统短期优化调度模型在传统水电短期调度的基础上,还需要考虑光伏出力波动性等不确定性因素,优化发电计划的编制,根据长期时段分配给短期时段的水电电量以及光伏发电过程,制作出能反映电力系统需求的实时负荷曲线。

6.1 基于改进粒子群算法的梯级水光互补调峰运行研究

水光互补发电系统调峰优化调度模型本质是一个经典多变量、高维度、多复杂约束的混合整数非线性规划(Mixed Integer Nonlinear Programming, MINLP)问题,一直是水电系统优化中的难题,至今仍无普适性的求解方法体系。在 MINLP 问题当中,经典的优化求解方法可归类为基于启发式的局部寻优、优先顺序法;基于数学理论优化的动态规划、拉格朗日法(Lagrange)等,或上述几种方法的改进与综合。随着近些年基于智能优化的寻优方法在大规模系统优化问题中的广泛研究,相关智能寻优方法也在系统调峰优化中得到应用。其中粒子群算法(Particle Swarm Optimization)因其具备简单易实现、可调参数少等优点,被广泛应用于任务调度等工程优化问题中。

6.1.1 梯级水光互补系统调峰运行模型

水电机组运行灵活、启停迅速、负荷跟踪能力强,是电网中极为优质的调峰电源。因此,水光互补系统短期优化调度的主要应用场景包括两个方面:

一是利用水电补充光伏出力，降低光伏出力的波形性；二是将光伏作为水电枯水期的电量补充，增强系统的调峰能力。在辐照度充裕的时段，较大的光伏发电出力是水电参与调峰的有力补充，同时水电可将多余的水存于库中，以增加水电在非富光时段的调峰能力。此外，随着国民经济的日益发展及用电结构的不断调整，各电网均不同程度面临着峰谷差增大、调峰形势严峻的共性问题。开展水光互补系统调峰运行方式研究，尤其是梯级水电与光伏互补系统短期调度研究，充分发挥梯级水电站调峰效益，协调电厂侧与电网侧间的需求矛盾，对有效削减负荷峰谷差，减小网内光伏机组出力波动，保障电网安全、稳定、经济运行具有重要意义。

在梯级水光互补系统运行过程中，电厂侧与电网侧有着不同的期望需求；前者关注电厂发电效益，往往在运行中期望电站整体发电效益最高；后者则以电网调峰过程中电网安全性为主，期望利用水电机组灵活调节的特性以降低光伏并网所带来的剩余负荷波动。为充分协调电厂侧、电网侧之间矛盾需求，兼顾梯级水光互补调峰过程中的经济性与安全性，本书以梯级电站群中单一电站为调度单元，以水光联合系统发电量最大与电网余荷波动性最小为优化目标，构建多目标梯级水光互补调峰模型，探讨不同厂网多目标函数下，水光互补调峰模型在调峰评价指标与梯级负荷分配结果上的区别。

6.1.1.1　厂网多目标函数

(1) 联合系统发电量最大

$$F = \max E = \max\left(\sum_{t=1}^{T} P_t^{H-} + P_t^{L-}\right) \times \Delta t \tag{6.1.1}$$

(2) 电网剩余负荷波动性最小

①剩余负荷平均距最小

$$\begin{cases} S_t = P_{dt} - P_t^{H-} - P_t^{L-} \\ F_1 = \min \dfrac{1}{T} \sum\limits_{t=1}^{T} \left| S_t - \dfrac{1}{T} \sum\limits_{t=1}^{T} S_t \right| \end{cases} \tag{6.1.2}$$

②剩余负荷最大值最小

$$F_2 = \min[\max(S_t)], t \in [1, T] \tag{6.1.3}$$

③剩余负荷峰谷差最小

$$F_3 = \min[\max(S_t) - \min(S_t)], t \in [1, T] \tag{6.1.4}$$

④剩余负荷均方差最小

$$F_4 = \min \frac{1}{T}\sum_{t=1}^{T}\left(S_t - \frac{1}{T}\sum_{t=1}^{T} S_t\right)^2 \tag{6.1.5}$$

式中：P_t^{H-} 表示梯级电站群在 t 时段水光互补后的出力；P_t^{L-} 则表示 t 时段水光互补后光伏电站的出力；P_{dt} 表示 t 时段电网需求负荷；S_t 表示 t 时段剩余负荷；Δt 表示最小调度时段的时间尺度，此处选为 1 h。

将联合系统发电量最大优化目标与四组余荷波动性最小优化目标分别组合，即可得到四组厂网多目标函数。

6.1.1.2　约束条件

在梯级水光互补模型中的调峰调度优化过程中考虑以下约束条件。

(1) 通道上限约束

$$P_t^{H-} + P_t^{L-} \leqslant P_{td} \tag{6.1.6}$$

(2) 出力上下限约束

$$P_{\min}^{H} \leqslant P_t^{H-} \leqslant P_{\max}^{H} \tag{6.1.7}$$

(3) 水能、光能利用率约束

$$\frac{P_t^{H-}}{P_t^{H}} \leqslant 1 \tag{6.1.8}$$

$$\frac{P_t^{L-}}{P_t^{L}} \leqslant 1 \tag{6.1.9}$$

(4) 弃水、弃光优先级约束

$$\begin{cases} \sigma_t(H) > \sigma_t(L), P_t^{H-} > P_{\min}^{H} \\ \sigma_t(L) > \sigma_t(H), P_t^{H-} \leqslant P_{\min}^{H} \end{cases} \tag{6.1.10}$$

式中：P_{td} 为电网负荷通道上限，在此设置为 1 000 万 kW；P_t^{H-} 表示梯级水电站群在 t 时段水光互补后的出力；P_t^{L-} 表示光伏电站在 t 时段水光互补后的出力；$P_{\max}^{H}$、$P_{\min}^{H}$ 分别代表梯级水电站群总出力的上限、下限，在此汛期、枯期出力最大值分别为 952.5 万 kW 与 711 万 kW，最小值统一为 120.75 万 kW；

P_t^H、P_t^L 分别表示梯级水电站与光伏电站互补前在 t 时段的出力值；$\sigma_t(H)$、$\sigma_t(L)$ 分别表示 t 时段下的联合发电系统的弃水、弃光优先级。在水光互补调峰运行模式过程中，水光互补发电系统遵循尽量不弃水和弃水优先级大于弃光优先级的调度原则。

6.1.1.3　调峰运行评价指标

针对不同目标函数下的水光场景互补分析结果，给出以下不同的评价指标作为分析标准。

（1）系统剩余负荷功率波动

$$I_1=\sqrt{\frac{1}{T}\sum_{t=1}^{T}\left(S_t-\frac{1}{T}\sum_{t=1}^{T}S_t\right)^2} \tag{6.1.11}$$

（2）系统余荷峰谷差

$$I_2=\max(S_t)-\min(S_t),t\in[1,T] \tag{6.1.12}$$

（3）系统总发电量

$$I_3=\left(\sum_{t=1}^{T}P_t^{H-}+P_t^{L-}\right)\times\Delta t \tag{6.1.13}$$

（4）系统达到通道时段数

$$I_4=\sum_{t=1}^{T}isequal[(P_t^{H-}+P_t^{L-}),P_{td}] \tag{6.1.14}$$

（5）系统水能利用率

$$I_5=\frac{1}{T}\sum_{t=1}^{T}\frac{P_t^{H-}}{P_t^{H}} \tag{6.1.15}$$

（6）系统光伏利用率

$$I_6=\frac{1}{T}\sum_{t=1}^{T}\frac{P_t^{L-}}{P_t^{L}} \tag{6.1.16}$$

6.1.2　梯级水光互补调峰运行模型求解

6.1.2.1　多目标模糊优化法

梯级水光互补调峰运行实质为一多目标优化问题。在多目标优化问题中，多目标最优解往往包含于各项子函数最优解，但各项子函数最优解之间却又存在矛盾现象，无法对各项子函数最优解求得并集。模糊优化法基于模糊数学发展而来，可利用模糊集合对某些难以清晰表达的关系、概念进行适当描述；而多目标最优解与各项子函数最优解之间往往存在着适用于模糊优化的描述关系，故模糊优化常用于多目标最优解求解过程。

模糊优化中存在两个基本概念，即模糊集合与隶属函数，见式(6.1.17)、式(6.1.18)。

设存在论域 $x \in X$，μ_A 为论域 X 到区间[0,1]上的映射，则

$$\mu_A : X \to [0,1] \tag{6.1.17}$$

$$x \to \mu_A(x) \tag{6.1.18}$$

式中：μ_A 为 X 上所存在的模糊集，通常取为 A；$\mu_A(x)$ 则为该模糊集的隶属函数，对于任意 $x \in X$，都有 $\mu_A(x)$ 称为 x 对模糊集 A 的隶属度。

在模糊优化当中通过对子目标函数采取归一化处理，即可利用[0,1]中任一实数反映子函数隶属程度；从而可进一步建立各项子目标函数的隶属函数，将多目标转换为非线性单目标优化问题，结合单目标优化算法进行求解。常用的隶属函数有降半矩形分布、降半梯形分布、正态型、柯西型等，本章针对水光互补调峰模型与梯级电站群负荷分配模型的多目标隶属函数均采用偏小型降半梯形分布，第 i 个子目标的隶属函数可见式(6.1.19)。

$$\mu_i(t) = \begin{cases} 1, f \geqslant f_{\max} \\ \dfrac{f - f_{\min}}{f_{\max} - f_{\min}}, f_{\min} \leqslant f \leqslant f_{\max} \\ 0, f \leqslant f_{\min} \end{cases} \tag{6.1.19}$$

式中：$f_{\min}$ 与 $f_{\max}$ 分别表示该目标函数 f 的最小值与最大值。

对于包含 N 个子目标的多目标优化问题，可通过式(6.1.20)转化为非线性单目标优化。

$$\max \mu(t), s.t. = \begin{cases} \mu(t) \geqslant \mu_i(t) \\ s.t. \end{cases}, 1 \leqslant i \leqslant N \tag{6.1.20}$$

6.1.2.2 改进粒子群算法

(1) 基本粒子群算法

粒子群优化算法(Particle Swarm Optimization, PSO)是由 Kennedy 和 Eberhart 于 1995 年提出的全局种群寻优算法，其通过设计无质量无体积粒子

模拟生物种群中鸟群的捕食行为习惯进而求得问题中的最优解。在基本的PSO 中，须在可行解空间中随机初始化一定个数的粒子，并为每个粒子随机赋上初始速度以对应优化问题的解，并由目标函数为之确定一个适应值，而速度用来决定粒子在解空间中的运动。在每次迭代计算中，通过共享粒子群中所有粒子的信息进而获得全局最优解，当所得全局最优解并未满足收敛结束条件时，则需对每个粒子的速度、位置，以及群体最优位置进行更新，从而进行下一次的迭代。在算法的每次迭代中，粒子将跟踪自身当前找到的最优解和种群当前找到的最优解，逐代搜索，直到得到最优解。

设求解问题涉及 d 维空间，粒子总数为 M，在对应搜索空间中，有如下变量：

①第 i 个粒子的当前位置为 $x_i=(x_{i1},x_{i2},\cdots,x_{id})$，$0<i\leqslant M$；

②第 i 个粒子的飞行速度为 $v_i=(v_{i1},v_{i2},\cdots,v_{id})$；

③第 i 个粒子当前找到的极值为 $p_i=(p_{i1},p_{i2},\cdots,p_{id})$，而种群当前找到的全局极值为 $p_g=(p_{g1},p_{g2},\cdots,p_{gd})$。

在基本粒子群算法中，下一代粒子通过共享位置、速度信息进行迭代所更新的位置和速度为：

$$x_{i+1}=x_i+v_i \tag{6.1.21}$$

$$v_{i+1}=v_i+c_1R_1(p_i-x_i)+c_2R_2(p_g-x_i) \tag{6.1.22}$$

式中：c_1、c_2 为加速度因子，通常取为 2；R_1、R_2 为均匀分布于[0,1]之间的随机数且相互独立。

（2）改进粒子群算法

针对传统 PSO 早期收敛速度较快，局部搜索、求解精度上却表现较差的问题，陈贵敏等引入了惯性权值 w：

$$v_{i+1}=wv_i+c_1R_1(p_i-x_i)+c_2R_2(p_g-x_i) \tag{6.1.23}$$

式中：wv_i 表示粒子保持速度不变的影响项；$c_1R_1(p_i-x_i)$ 表示粒子当前速度受记忆影响项；$c_2R_2(p_g-x_i)$ 则表示粒子当前速度受全局最优解影响项。

惯性权值 w 作为 PSO 算法最重要的可调参数之一，其参数大小与算法搜索能力成正相关，适当偏大的 w 有利于算法全局寻优，丰富种群多样性，但会降低算法收敛速度；反之，偏小的 w 则有利于加强算法的局部寻优能力。

为综合平衡算法的全局与局部搜索能力，陈贵敏等进一步地提出了线性递减权重策略，即在迭代过程中线性地减小惯性权值 w 的大小，通过实时搜索进程实现对惯性权值 w 的动态调节，并表示为：

$$w=(w_1-w_2)(\frac{t_{max}-t}{t_{max}})+w_2 \tag{6.1.24}$$

式中：t、t_{max} 分别代表当前迭代次数和最大允许迭代次数；w_1、w_2 则分别代表初始惯性权值和进化到最大允许迭代次数权值。

研究表明，通过采用线性递减权重策略可较好地维持当前粒子速度不变的影响权重，进而提升 PSO 算法寻优求解搜索能力。

6.1.2.3 模型求解流程

本书提出的基于改进粒子群算法的厂网多目标下的梯级水光互补调峰运行优化模型，具体求解流程如下：

(1) 输入水光互补前梯级水电计划 24 h 出力与光伏 24 h 出力。

(2) 为协调水光联合系统电厂侧与电网侧的需求目标，选取电网侧常用四组电网余荷相关目标函数，以及联合系统发电量最大的目标函数，组成四组厂网多目标函数。

(3) 基于水光系统联合约束条件，分别在四组厂网多目标函数下结合多目标改进粒子群算法进行求解，获得水光互补后梯级电站出力、光伏出力与相应调峰评价指标。

(4) 根据步骤(3)所获得的梯级水电 24 h 出力，建立梯级电站负荷分配模型，模型优化目标考虑梯级总耗水量最小、负荷偏差最小与梯级总弃水量最小的三种情况，在梯级电站多约束条件下结合多目标改进粒子群算法进行求解，获得各电站负荷分配结果。

(5) 比较四组厂网多目标函数下水光联合系统的调峰评价指标以及梯级电站负荷分配结果，选取出最优厂网多目标函数，并将梯级负荷分配结果用于后续电站的水电机组负荷分配优化。

模型求解流程图见图 6.1.1。

6.1.3 实例分析

本节实例计算背景与 3.4 节相同，将 3.4 节中计算所得典型水光场景进行水光互补调峰优化计算，每组场景分别以四组不同的厂网目标函数进行求解。四类场景水光互补前光伏出力曲线如图 6.1.2 所示，梯级水光互补调峰负荷分配结果见图 6.1.3 至图 6.1.6，调峰运行评价指标见表 6.1.1。

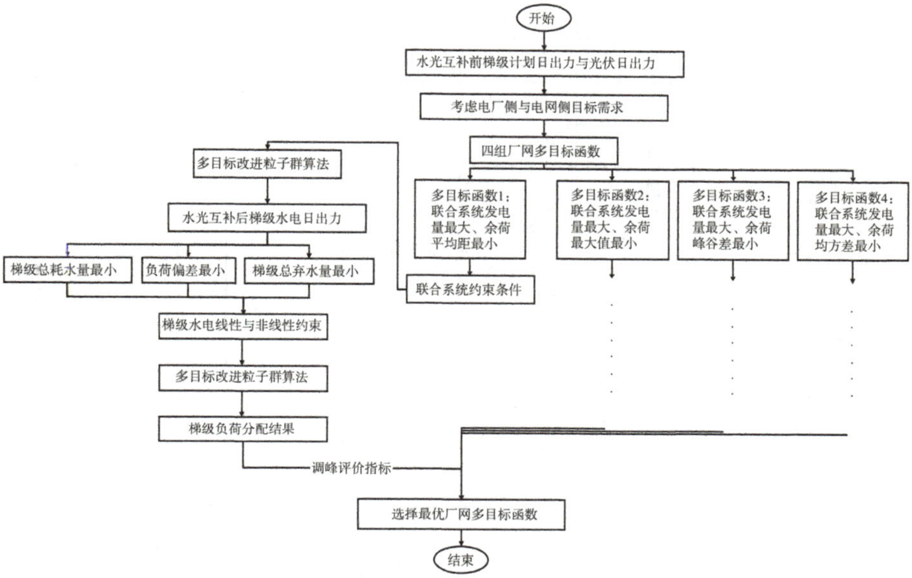

图 6.1.1　梯级水光互补调峰运行优化模型求解流程

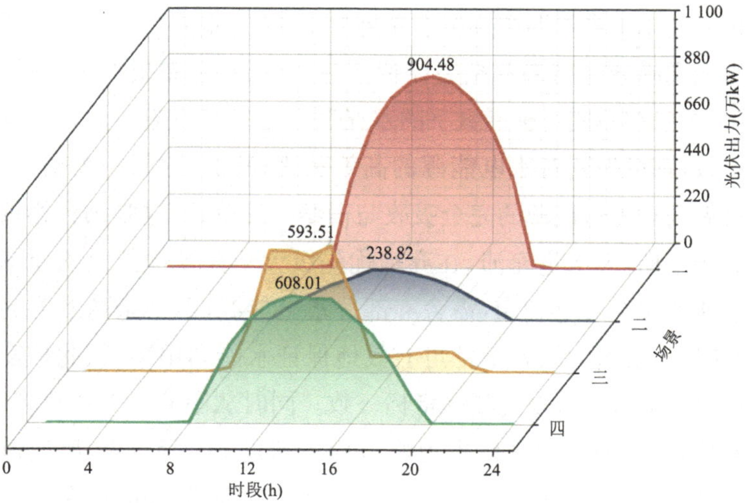

图 6.1.2　四类场景中水光互补前光伏出力曲线

表 6.1.1 四类典型场景下调峰运行评价指标

<table>
<tr><th>场景</th><th>目标函数</th><th>余荷功率波动(万 kW)</th><th>余荷峰谷差(万 kW)</th><th>发电量(万 kW·h)</th><th>达到通道上限次数</th><th>水能利用率(%)</th><th>光伏利用率(%)</th></tr>
<tr><td rowspan="4">一</td><td>1</td><td>206.06</td><td>941.86</td><td rowspan="4">13 864.41</td><td>3</td><td rowspan="12">100</td><td rowspan="4">99.59</td></tr>
<tr><td>2</td><td>195.05</td><td>691.07</td><td>3</td></tr>
<tr><td>3</td><td>194.97</td><td>689.04</td><td>2</td></tr>
<tr><td>4</td><td>192.62</td><td>761.54</td><td>2</td></tr>
<tr><td rowspan="4">二</td><td>1</td><td>99.47</td><td>398.67</td><td rowspan="4">8 701.8</td><td rowspan="8">0</td><td rowspan="12">100</td></tr>
<tr><td>2</td><td>94.95</td><td>320.23</td></tr>
<tr><td>3</td><td>97.28</td><td>316.75</td></tr>
<tr><td>4</td><td>93.98</td><td>320.36</td></tr>
<tr><td rowspan="4">三</td><td>1</td><td>138.35</td><td>533.54</td><td rowspan="4">10 564.13</td></tr>
<tr><td>2</td><td>149.01</td><td>538.46</td></tr>
<tr><td>3</td><td>139.47</td><td>513.76</td></tr>
<tr><td>4</td><td>138.43</td><td>535.63</td></tr>
<tr><td rowspan="4">四</td><td>1</td><td>102.97</td><td rowspan="4">332.5</td><td>23 238.81</td><td>8</td><td>86.63</td></tr>
<tr><td>2</td><td>109.32</td><td>23 075.36</td><td>3</td><td>85.86</td></tr>
<tr><td>3</td><td>108.05</td><td>23 287.07</td><td>1</td><td>86.86</td></tr>
<tr><td>4</td><td>106.88</td><td>23 361.96</td><td>2</td><td>87.21</td></tr>
</table>

分析表 6.1.1 可得四类典型水光场景下，基于不同厂网多目标函数所得的梯级水光调峰分配结果及相关评价指标。首先，可看出的是，除第四类场景外，其余场景在不同目标函数下的水光联合系统总发电量、水能、光能利用率近乎一致，都可做到对水电能源的高效利用；其次，除第一类场景外，其余场景都可做到对光伏能源的完全吸收与消纳。经分析，这是因为第四类场景中流域处于汛期，来水量充沛，在弃水优先级大于弃光优先级的原则下无法做到对水能的完全发电利用，需舍弃部分水电能源；而其余场景皆为流域枯期，无论何种光伏出力场景下都可有效地保证水能利用率，因此枯期场景在不同目标函数下可保持发电量等指标一致。同时从图 6.1.2 中可发现，除第一类场景外，其余场景中光伏出力峰值均不超过 610 万 kW，离通道上限值 1 000万 kW 仍有一定差距，可给梯级水电充足的调峰空间，而第一类场景峰值可达 908.48 万 kW，极大地限制了此时段附近水电能源的调峰能力；尽管水光互补调峰系统中弃水优先级大于弃光优先级，但梯级水电需保证最低出力下限，若下限值不满足，则优先弃光，故第一类场景中光能利用率不足

100%，低于其他场景。

分析图 6.1.3～6.1.6，可看出在四类场景中，在部分厂网多目标函数下，余荷对电网负荷曲线始终保持较高的跟踪度；但在某些函数下余荷跟踪度较差。

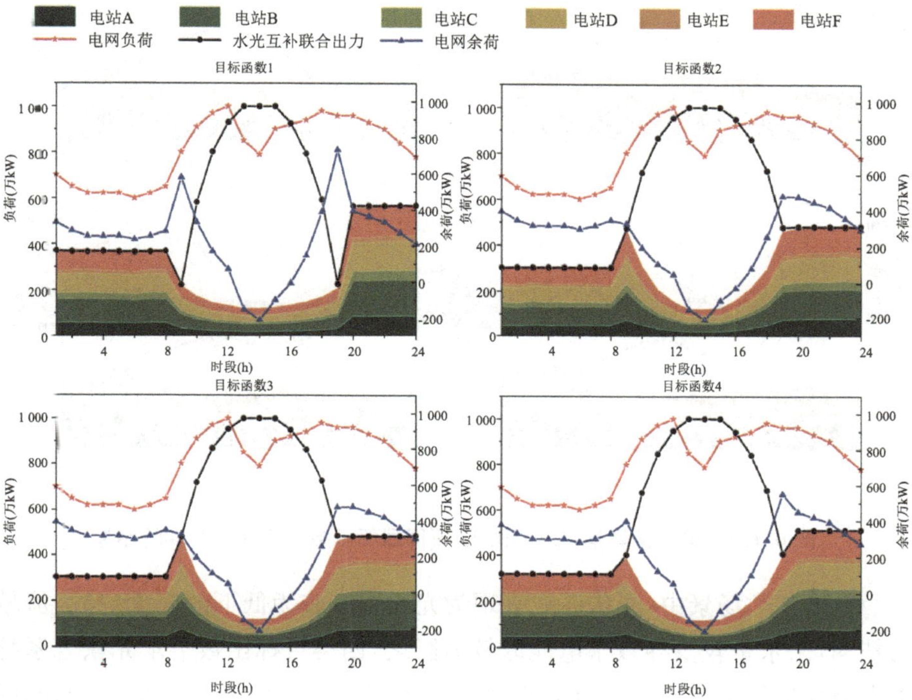

图 6.1.3　第一类场景(枯期-晴天)不同目标函数下水光互补调峰结果

分析第一类场景，可看出厂网多目标函数 1 与其他三组目标函数下的余荷曲线、梯级负荷分配结果有明显不同，在多目标函数 1 下，电网余荷曲线分别在 8、19 h 时有较大幅度的幅值上升，在该时段下梯级水电站出力下降、爬升斜率较大，水光互补联合出力曲线在此时段下表现为下降后又上升的变化趋势，不利于电网稳定运行。对比其余三组目标函数下的运行结果，目标函数 3 下的电网余荷曲线整体变化更为平稳，对电网负荷曲线的跟踪度较高，余荷功率波动为 194.97 万 kW，相较目标函数 1 可减小 252.82 万 kW 的峰谷差，减小了约 26.84%；在电网负荷高峰时段（18～22 h），水光互补系统持续稳定输出，梯级水电负荷斜率较小，梯级调峰效果较好。

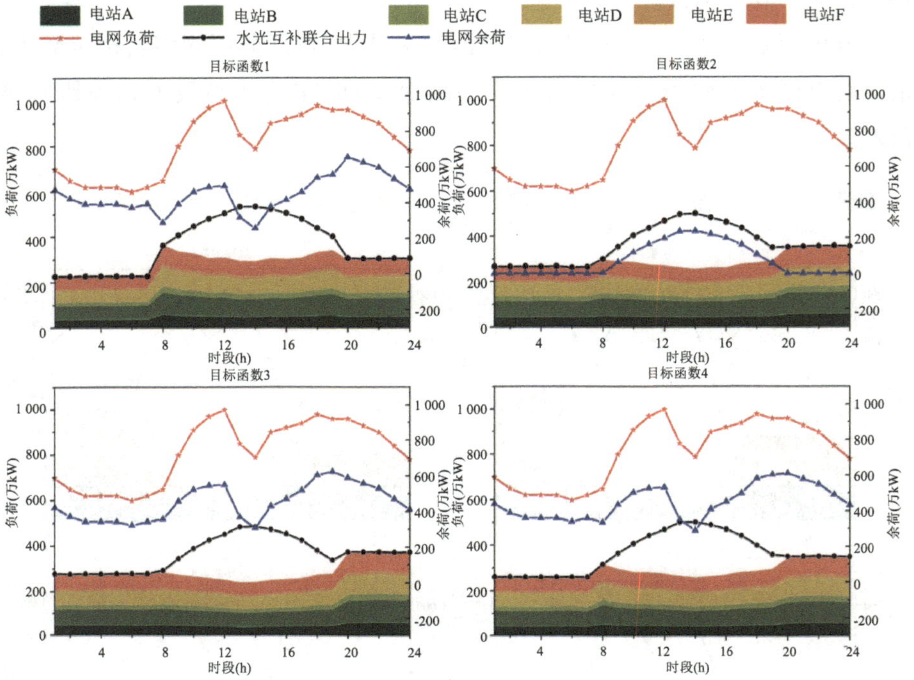

图 6.1.4 第二类场景(枯期-雨天)不同目标函数下水光互补调峰结果

在第二类场景中,光伏曲线表现为光照强度较为低下的雨天,梯级流域为枯期,来水量较少导致水电能源较为匮乏,四类目标函数下水光联合系统出力最大值均未超过 600 万 kW,整体发电量仅为 8 701.8 万 kW·h,电网余荷与电网负荷曲线差距较大;但因此梯级水电调峰空间较大,余荷可对电网曲线维持较高的跟踪度,同时四组目标函数下余荷功率波动均未超过 100 万 kW,为四类场景中的最低值,水光互补系统运行安全性较高,可对电网持续稳定输出送电。对比四组目标函数下的调峰运行评价指标,目标函数 3、4 分别具备最低的余荷峰谷差与余荷功率波动,较目标函数 1 可减小 2.19 万～5.49 万 kW 的余荷功率波动与 78.31 万～81.92 万 kW 的峰谷差,整体调峰能力较好。

第三类场景中光伏主要出力时段集中于 8～15 h,光伏曲线变化速率快,因此为保证电网持续稳定运行,该场景下四组目标函数的梯级水电负荷分配结果均存在一定程度上的波动。进一步分析,目标函数 2 下的梯级负荷分配结果在早上 8 时附近有着较其他三组目标函数更大的梯级水电出力爬升,幅度约为 200 万 kW;目标函数 3 在晚间用电高峰期下的梯级水电出力变化趋

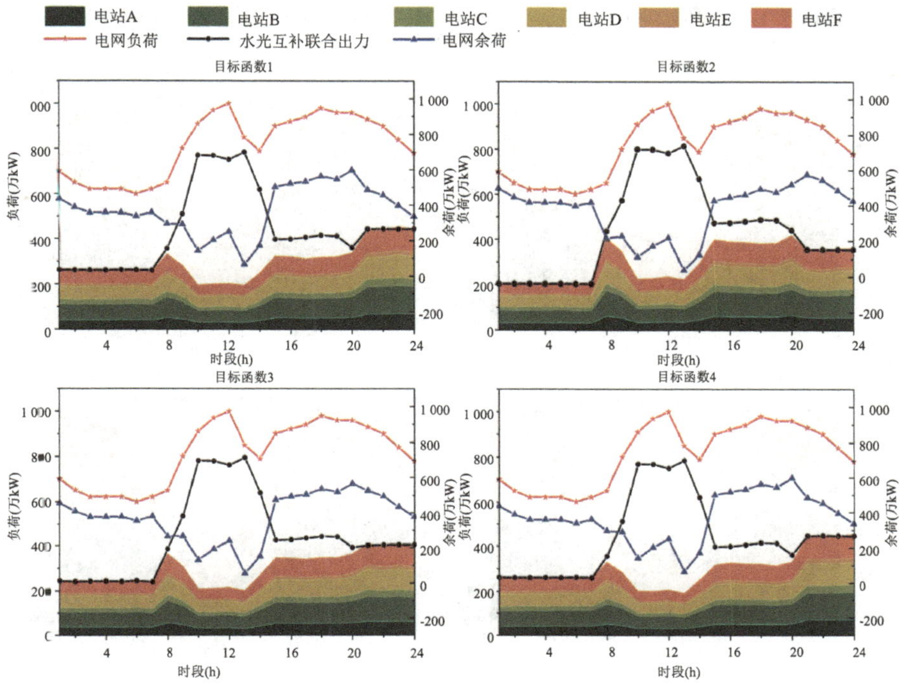

图 6.1.5 第三类场景(枯期-阴天)不同目标函数下水光互补调峰结果

势较为平稳,波动幅度约为 15 万 kW,低于其余目标函数的 50 万~100 万 kW,在光伏不参与发电的该时段内,电网余荷曲线则对电网负荷具备更高的跟踪度。对比调峰运行评价指标,在余荷功率波动与峰谷差上,不同目标函数之间并无十分显著的区别,但目标函数 3 相较其余三组目标函数可减小19.78万~24.70 万 kW 的峰谷差,余荷功率波动也比该场景下的最小值多出约0.75%。故在第三类场景下,目标函数 3 具备更佳的调峰能力。

因第四类场景中流域处于汛期时段,来水量丰富,故梯级水光互补发电系统长时间维持输出在 900 万~1 000 万 kW,发电量较大;尽管汛期下的电网负荷曲线较枯期负荷值偏高,但若水光互补系统长时间以电网输送通道上限进行输出送电,超出当前时段下的电网需求负荷,亦增加电网运行的风险性,不利于水光互补系统下的调峰运行。因此,在该场景下,若水光互补系统可达到更少的通道上限次数,则有利于增加系统对电网送电的安全性与稳定性。分析表 6.1.1,发现目标函数 3 与目标函数 4 仅有 1~2 次的通道上限达到次数;在水电资源利用率方面,目标函数 4 相较于目标函数 3 整体可带来

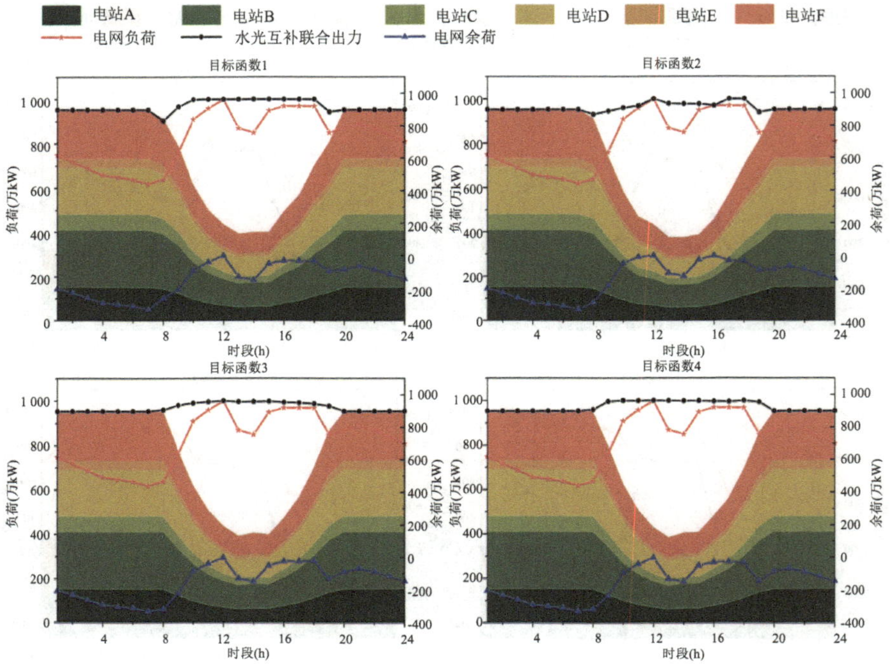

图 6.1.6　第四类场景(汛期-阴天)不同目标函数下水光互补调峰结果

74.89万 kW 发电量的提升;在余荷功率波动对比上,目标函数 4 可减小 1.08%的余荷功率波动差值。因此,在此场景下,目标函数 4 较于目标函数 3 整体表现略优。但在第四类场景下,不同目标函数具备相同的余荷峰谷差,经分析,四组目标函数下的水光互补系统整体出力值均大于等于电网负荷,在此前提下余荷最大值只能为 0;进一步分析,因来水资源丰富,在光伏不参与发力时段,需充分利用水资源,梯级水电出力均为上限值 952.5 万 kW;同时该场景下电网负荷最低值为 620 万 kW,对应时段光伏并未参与发力,故余荷最小值均为−332.5 万 kW,四组目标函数下峰谷差均一致。

故综上所述,基于协调电厂侧发电效益与电网侧余荷稳定性的多目标水光互补调峰模型,在四类典型水光场景下,既可保证联合发电系统中水能光能利用率以及整体发电效益,又可兼顾调峰过程中余荷波动、变化过程的稳定性与安全性。其中四类电网侧余荷稳定性目标函数中,以余荷峰谷差最小、均方差最小对水光互补系统整体调峰过程的安全性提升最为显著。

6.2　基于改进引力搜索算法的水光互补系统短期优化调度

近年来基于智能优化理论的粒子群算法、遗传算法、猴群算法、万有引力搜索算法(Gravitational Search Algorithm,GSA)等迅速发展,相比传统搜索算法,智能进化算法在处理非线性、多极值等问题时具有一定的优势。提升智能算法的搜索精度和效率,仍是多能互补系统优化调度领域一个值得研究的方向。

与上节介绍的粒子群算法相比,GSA 算法是一种模拟物理学中万有引力的新的优化算法。它通过种群中粒子间的相互作用来指导群体进行智能优化搜索。已有研究表明 GSA 的收敛性明显优于粒子群算法、遗传算法等仿生优化算法,但是 GSA 依然存在着容易早熟、后期迭代速度慢、不易跳出局部最优解等问题。

为此,本书对基于改进 GSA 算法的水光互补系统短期优化调度进行了详细阐述。由于上文已对多种调峰目标函数进行了对比分析,这里仅考虑水光互补系统总出力波动最小为目标函数时的短期优化调度研究。

6.2.1　水光互补系统短期优化调度模型

6.2.1.1　目标函数

根据水电机组的出力特性,为充分挖掘水电的调峰能力,从电网侧考虑,使互补系统总出力波动减小,将目标函数设置为未分配负荷最小。

$$F = \min E = \sqrt{\frac{1}{T}\sum_{t=1}^{T}\left(P_{rest,t} - \overline{P_{rest,t}}\right)^2} \tag{6.2.1}$$

$$P_{rest,t} = N_t - (P_{h,t} + P_{p,t}) \tag{6.2.2}$$

式中:E 表示未分配负荷;t 表示时段,共 T 个时段,h;N_t 为 t 时段外界总负荷,kW;$P_{rest,t}$ 为 t 时段未分配负荷,kW;$\overline{P_{rest,t}}$ 表示 t 时段未分配负荷的均值,kW;$P_{h,t}$ 表示 t 时段水电的出力,kW;$P_{p,t}$ 表示 t 时刻光伏出力,kW。

6.2.1.2　约束条件

(1) 水量平衡约束

$$V_{t+1} = V_t + (Q_{in,t} - Q_{out,t}) \cdot \Delta t \cdot 3\,600 \tag{6.2.3}$$

式中：V_t 表示 t 时刻时水电站库容，m^3；$Q_{in,t}$ 表示 t 时段水电站入库流量，m^3/s；$Q_{out,t}$ 表示 t 时段出库流量，m^3/s；Δt 表示时间间隔，s。

（2）水电出力约束

$$P_{h,\min} \leqslant P_{h,i} \leqslant P_{h,\max} \tag{6.2.4}$$

式中：$P_{h,\min}$ 表示水电站最小出力，kW；$P_{h,\max}$ 表示水电站最大出力，kW。

（3）光伏出力约束

$$P_{p,\min} \leqslant P_{p,t} \leqslant P_{p,\max} \tag{6.2.5}$$

式中：$P_{p,\max}$ 表示光伏最大出力，kW；$P_{p,\min}$ 表示光伏最小出力，kW。

（4）水位约束

$$Z_{\min} \leqslant Z_t \leqslant Z_{\max} \tag{6.2.6}$$

式中：$Z_{\min}$ 表示水电站最小水位，m；$Z_{\max}$ 表示水电站最大水位，m；Z_t 表示 t 时段水电站的水位，m。

（5）水电出力计算公式

$$P_{h,t} = 9.81 H_t Q_{f,t} \eta \tag{6.2.7}$$

式中：η 为水电机组发电效率，与机组型号、运行工况等因素有关；H_t 为 t 时段水电站的发电水头，m；$Q_{f,t}$ 表示 t 时段水电站的发电流量，m^3/s。

6.2.2 改进万有引力搜索算法

GSA算法是由Esmat等根据万有引力现象所创造出来的一种启发式群体智能优化算法，其关键机制是不同质量的个体在解集空间中相互吸引，且均向着质量较大的某个个体方向移动。

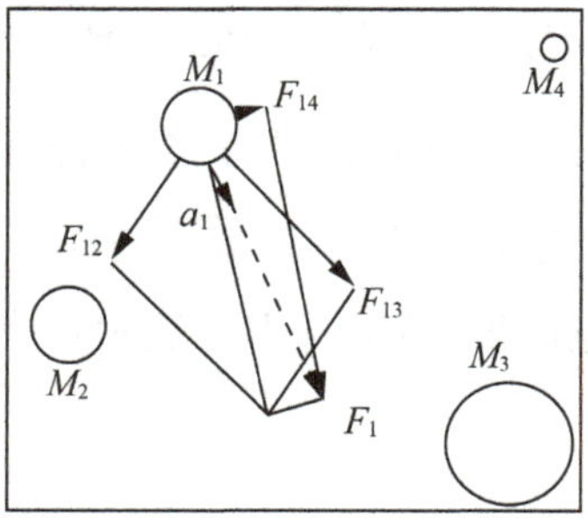

图 6.2.1 引力作用图

如图 6.2.1 所示，每个圆圈代表一个个体，共有四个个体。其中 M_3 的惯性质量最大，M_4 的惯性质量最小。对 M_1 进行受力分解，它受到周围三个个体的作用力分别为 F_{12}、F_{13}、F_{14}，三个力的合力为 F_1，促使 M_1 沿着合力方向移动。

6.2.2.1　基本原理

在 GSA 算法中，每一个个体都具有位置、惯性质量、主动引力质量和被动引力质量 4 个特性，除了位置属性之外的三个属性均由优化问题的适应度函数来决定；优化问题的解集空间即为个体的运行空间，在万有引力的作用下，空间内的个体彼此间相互吸引，它们的运动符合经典运动力学规律，惯性质量小的个体会持续地朝着惯性质量较大的个体移动，通过多次的优化迭代最终可得到待优化问题的最优解，即惯性质量最大的个体。设个体定义在维度为 n 的搜索空间内，由数量为 N 的个体组成的种群为 $X=(X_1,X_2,\cdots,X_N)$，其中第 i 个个体的位置(优化问题的解)为 $X_i=(x_i^1,x_i^2,\cdots,x_i^d,\cdots,x_i^n)$，$x_i^d$ 是第 i 个个体在第 d 维上的位置。

GSA 个体的初始位置随机产生。在 t 时刻，个体 i 和 j 产生的万有引力大小为：

$$F_{ij}^d=G(t)\frac{M_{pi}(t)\times M_{aj}(t)}{R_{ij}(t)+\varepsilon}[x_j^d(t)-x_i^d(t)] \tag{6.2.8}$$

式中：$M_{aj}(t)$ 和$M_{pi}(t)$ 分别表示个体 j 受到的主动引力质量和个体 i 受到的被动引力质量；ε 表示值很小的常值，避免分母的值出现 0 的情况；$G(t)$表示 t 时刻的引力常数；$R_{ij}(t)$ 表示个体 i 和 j 之间的欧氏距离。

引力常数函数 $G(t)$是由初始值开始，随时间的推移单调递减的函数，可以表示为：

$$G(t)=G_0\,\mathrm{e}^{-\alpha\frac{t}{T}} \tag{6.2.9}$$

式中：G_0 和 α 为常数，T 表示寻优最大迭代次数。GSA 的全局和局部搜索能力的平衡与引力常数函数联系密切，所以其中的两个常数的取值也十分重要，G_0 一般取值为 100，α 选取 20。

欧氏距离 $R_{ij}(t)$ 可根据式(6.2.10)计算：

$$R_{ij(t)}=\|x_i(t),x_j(t)\|_2 \tag{6.2.10}$$

根据所求解优化问题的适应度函数，可计算得到个体的引力质量和惯性质量，设个体的引力质量和惯性质量相等，则每个个体的惯性质量 $M_i(t)$ 可以表示为：

$$M_{ai}=M_{pi}=M_i, i=1,2,\cdots,N \tag{6.2.11}$$

$$m_i(t)=\frac{fitness_i(t)-worst(t)}{best(t)-worst(t)} \tag{6.2.12}$$

$$M_i(t)=\frac{m_i(t)}{\sum_{j=1}^{N} m_j(t)}, i=1,2,\cdots,N \tag{6.2.13}$$

式中：$fitness_i(t)$ 表示第 i 个个体 t 时刻的适应度值；$best(t)$和 $worst(t)$各自表示群体中适应函数值的最大值和最小值。

针对最小值优化问题，$best(t)$和 $worst(t)$计算方式如下：

$$best(t)=\min_{j\in\{1,2,\cdots,N\}} fitness_j(t) \tag{6.2.14}$$

$$worst(t)=\max_{j\in\{1,2,\cdots,N\}} fitness_j(t) \tag{6.2.15}$$

引力搜索算法中引入了随机特性，在 d 维空间里，t 时刻个体 i 所受来自其他个体作用力的合力 $F_i^d(t)$ 定义如下：

$$F_i^d(t)=\sum_{j=1,j\neq i}^{N} rand \cdot F_{ij}^d(t) \tag{6.2.16}$$

式中：$rand$ 是[0,1]闭区间内的随机浮点数；$F_{ij}^d(t)$为 t 时刻在第 d 维上粒子 i 受到粒子 j 的作用力。

根据牛顿第二定律，t 时刻个体 i 在 d 维的加速度 $a_i^d(t)$ 定义如式 6.2.17 所示：

$$a_i^d(t)=\frac{F_i^d(t)}{M_i(t)} \tag{6.2.17}$$

则个体的速度和位置的更新方式如下所示：

$$V_i^d(t+1)=rand_i\times V_i^d+a_i^d(t) \tag{6.2.18}$$

$$X_i^d(t+1)=X_i^d(t)+V_i^d(t+1) \tag{6.2.19}$$

GSA 的具体计算步骤有以下几步：

(1) 初始化时，设置个体种群规模数量为 N，最大迭代次数为 T，随机设置个体位置信息，同时将个体的初始速度均设为 0；

(2) 根据建立模型的目标函数，计算得到个体的适应度值 $fitness_i(t)$；

(3) 计算个体的惯性质量 $M_i(t)$；

(4) 计算每个个体所受的合力 $F_i^d(t)$；

(5) 得到个体的加速度值 $a_i^d(t)$；

(6) 更新每个个体的速度和位置信息；

(7) 若不满足最大迭代次数或精度要求，则回到(2) 继续计算；

(8) 迭代计算完成，输出寻优结果。

GSA 的计算流程图如图 6.2.2 所示。

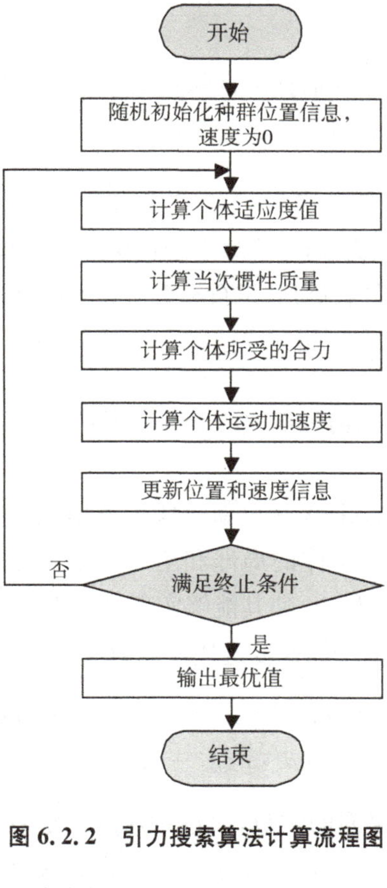

图 6.2.2　引力搜索算法计算流程图

6.2.2.2　改进万有引力搜索算法

传统的 GSA 算法全局搜索能力虽然较强，但局部寻优能力较弱，而且容易出现收敛速度变慢的现象。假设初始个体 i 的惯性质量小于个体 j 的惯性质量，根据式(6.2.8)可知，个体 j 会吸引个体 i 朝着自身的方向并以一定的速度移动。多次迭代计算搜索后，个体 i 则会逐步地靠近惯性质量最大的个体。由式(6.2.17)和式(6.2.18)可知，当惯性质量较大的个体吸引个体 i 时，个体 i 的加速度 $a_i^d(t)$ 较大，同时其移动速度也会很大。所以，当个体靠近最优解即质量最大的个体时，由于个体的移动速度过大，导致 GSA 很容易错过全局最优解，陷入局部最优。为了进一步提高 GSA 的搜索能力和性能，有必要增强 GSA 的搜索能力。

在搜索初期，算法需要较大的引力常数从而迅速地找到最优解区；在搜索的后期，则需要较小的引力常数。而在标准的 GSA 中，引力常数函数采用指数函数的形式，其下降梯度较大，使算法的全局寻优能力迅速减弱，延长了全局收敛的时间。

为了提高 GSA 搜寻到最优解区域的速度，采用线性函数对引力常数函数 $G(t)$进行改进，计算公式如下：

$$G(t) = G_0(1 - t/T) \tag{6.2.20}$$

式中：t 为算法当前迭代次数；T 为最大迭代次数。G_0 取到合适的值较为困难，根据种群中个体的位置信息对其进行动态调整，计算公式如式(6.2.21)所示：

$$G_0 = 1.5 \max_{d \in \{1,2,\cdots,n\}} |x_{\max}^d - x_{\min}^d| \tag{6.2.21}$$

式中：$x_{\max}^d$、$x_{\min}^d$ 分别为当前种群中的个体在第 d 维空间中的最大位置值和最小位置值。

类比于粒子群算法，GSA 在更新个体位置信息时，只考虑到了当前位置对惯性的影响，并没有把个体的局部和全局记忆性考虑进去。因此，考虑给 GSA 中的个体增加记忆能力，使其能够实现粒子之间的互相“交流”来更新个体的基本属性信息，新的个体速度迭代公式为

$$\begin{aligned} V_i^d(t+1) &= rand \cdot V_i^d(t) + c_1 \cdot rand \cdot [p_{best}^d - X_i^d(t)] \\ &\quad + c_2 \cdot rand \cdot [g_{best}^d - X_i^d(t)] + a_i^d(t) \end{aligned} \tag{6.2.22}$$

式中：c_1 和c_2 为[0,1]之间的常数，通过对这两个学习因子的调节，可以均衡个体记忆性、所受引力以及全局信息对搜索效果的影响。改进后的 GSA 称为改进后的万有引力搜索算法（Improved Gravitational Search Algorithm，IGSA）。

6.2.2.3 测试分析

为验证本节所提方法在提高万有引力搜索算法全局寻优能力方面的改

进效果，选用测试函数对其性能进行测试。

（1）Sphere 函数

$$F_1 = \sum_{i=1}^{n} x_i^2 \tag{6.2.23}$$

式中搜索空间范围为：$-5.12 \leqslant x_i \leqslant 5.12$，$i=1,2,3,\cdots,n$。Sphere 为单峰值函数，全局最优解为 $\tilde{x} = (0,0,0,\cdots,0)$，$F_1(\tilde{x}) = 0$。

（2）Rosenbrock 函数

$$F_2 = \sum_{i=1}^{n-1} [100(x_i^2 - x_{i+1})^2 + (x_i - 1)^2] \tag{6.2.24}$$

式中搜索解空间范围为：$-5 \leqslant x_i \leqslant 10$，$i=1,2,3,\cdots,n$。Rosenbrock 函数为多极值函数，有多个局部最优解，一个全局最优解 $\tilde{x} = (1,1,1,\cdots,1)$，$F_2(\tilde{x}) = 0$。

（3）Rastrign 函数

$$F_3 = \sum_{i=1}^{n} [x_i^2 - 10\cos(2\pi x_i) + 10] \tag{6.2.25}$$

式中搜索解空间范围为：$-5.12 \leqslant x_i \leqslant 5.12$，$i=1,2,3,\cdots,n$。Rastrign 函数为多极值函数，有多个局部最优解，全局最优解为 $\tilde{x} = (0,0,0,\cdots,0)$，$F_3(\tilde{x}) = 0$。

（4）Ackley 函数

$$F_4 = 20 + \mathrm{e} - 20\,\mathrm{e}^{\left(-0.2\cdot\sqrt{\frac{1}{n}\sum_{i=1}^{n} x_i^2}\right)} - \mathrm{e}^{\left[\frac{1}{n}\sum_{i=1}^{n}\cos(cx_i)\right]} \tag{6.2.26}$$

式中搜索解空间范围为 $-15 \leqslant x_i \leqslant 30$，$i=1,2,3,\cdots,n$。Ackley 函数为多极值函数，具有多个局部最优解，全局最优解为 $\tilde{x} = (0,0,0,\cdots,0)$，$F_4(\tilde{x}) = 0$。

使用所列举的 4 个测试函数对标准 GSA 和 IGSA 进行测试，相关参数的设置为：G_0 为 100，迭代次数统一为 1 000 次，种群的个数统一为 50 个，学习因子 $c_1 = c_2 = 0.5$，所有测试函数搜索空间的维度均为 30，两种算法均进行 10 次计算取均值。

两个算法 4 种测试函数 10 次计算结果的最大值、最小值、均值和标准差如表 6.2.1 所示。可以看出 4 种测试函数的最大值和最小值 IGSA 均优于 GSA；标准差在 Rosenbrock、Rastrign 和 Ackley 函数上，精度提高了大约一个数量级。

表 6.2.1 GSA 与 IGSA 测试结果

函数名		GSA	IGSA
Sphere	最大值	6.6207E-04	3.6055E-04
	最小值	1.2692E-17	6.9430E-18
	均值	1.4300E-05	1.0031E-05
	标准差	5.4291E-05	3.8570E-05
Rosenbrock	最大值	1.7253E+03	2.0356E+02
	最小值	7.3923E+01	2.5730E+01
	均值	2.9933E+02	6.6301E+01
	标准差	4.3923E+02	4.8221E+01
Rastrign	最大值	1.0604E+02	2.2962E+01
	最小值	2.8862E+01	9.9496E+00
	均值	5.8553E+01	1.8410E+01
	标准差	2.3337E+01	3.7299E+00
Ackley	最大值	6.9319E-02	1.6892E-02
	最小值	4.1446E-03	2.7835E-09
	均值	2.7554E-02	1.0342E-03
	标准差	1.3251E-02	2.6195E-03

图 6.2.3 为 GSA 和 IGSA 求解 Sphere 函数的收敛曲线图。从图中可以明显地看到，前 100 步时，GSA 的寻优效果好于 IGSA；但在 100 步之后，GSA 多次陷入局部最优，而 IGSA 一直为收敛趋势，且速度较快。

图 6.2.4 为 GSA 和 IGSA 求解 Rosenbrock 函数的收敛曲线图。从图中可以发现，IGSA 在整个寻优过程中的表现均优于 GSA，最终的收敛效果强于 GSA 约 10 倍。

图 6.2.5 所示为 IGSA 和 GSA 求解 Rastrign 函数的收敛曲线。IGSA 和 GSA 均在 200 步左右趋于收敛，但 IGSA 的收敛值更接近于函数的全局最优值，且 IGSA 收敛花费时间更短。

图 6.2.6 为 IGSA 和 GSA 求解 Ackley 函数的收敛曲线。从图中可以看出，IGSA 在整个过程中一直向着全局最优解的方向移动，而 GSA 约在 200 步之后，移动速度减缓，逐步趋于收敛。

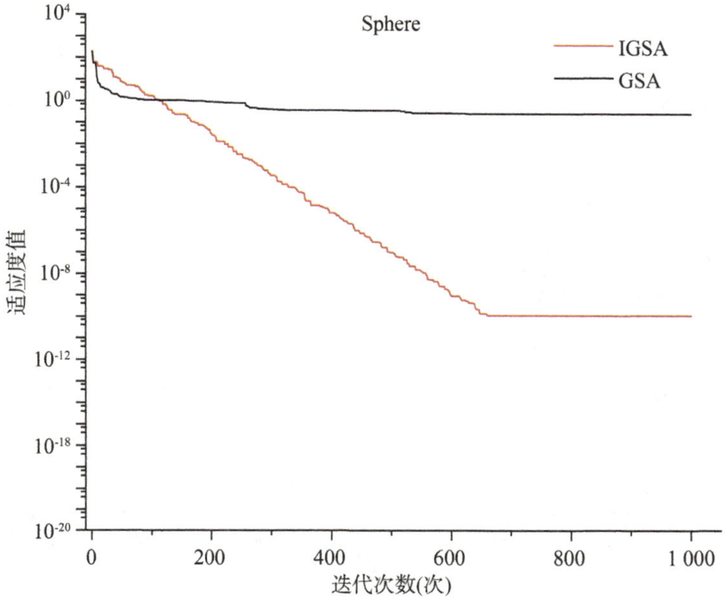

图 6.2.3　Sphere 函数收敛曲线

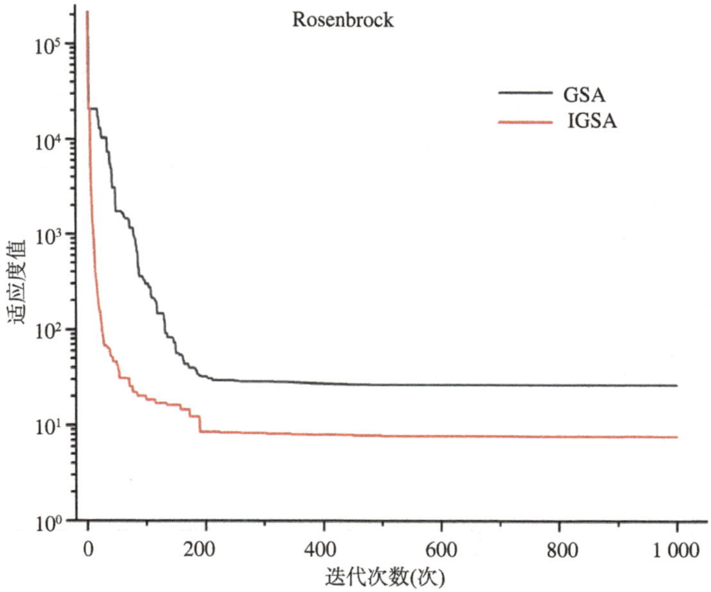

图 6.2.4　Rosenbrock 函数收敛曲线

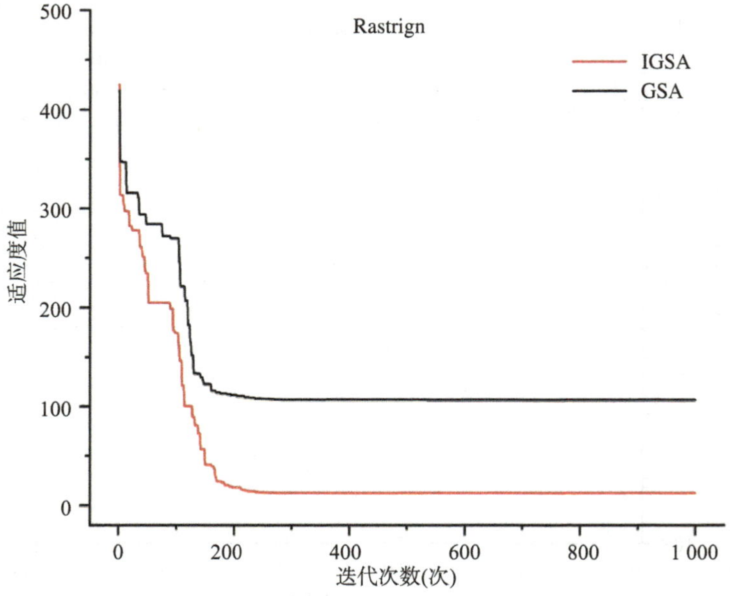

图 6.2.5　Rastrign 函数收敛曲线

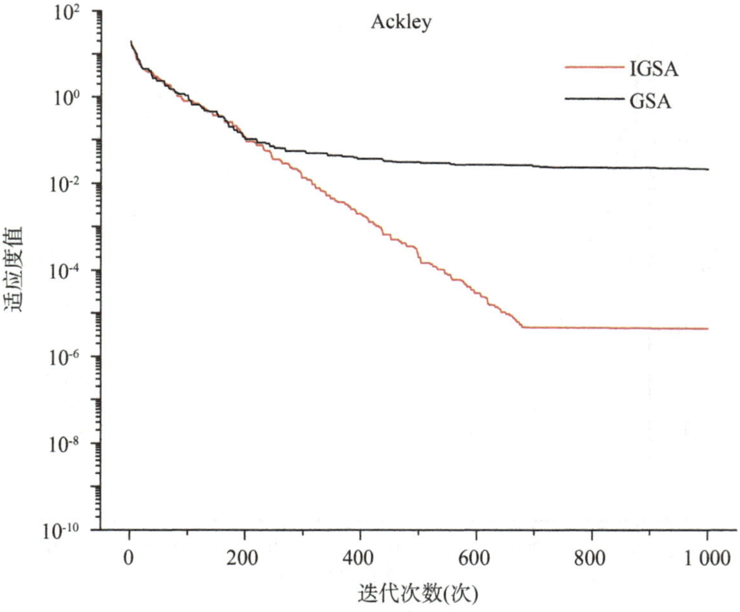

图 6.2.6　Ackley 函数收敛曲线

综上所述，IGSA 在收敛速度上相对 GSA 有了很大的提高，尤其在前 200 次的搜索过程中更为明显，所以使得 IGSA 的效果比 GSA 要好。

6.2.3　实例分析

我国某梯级流域具有调节能力的水电站共有 6 座，总装机容量 952.5 万 kW，与其进行互补发电的光伏电站装机为 400 万 kW、200 万 kW、200 万 kW 和 300 万 kW，总计 1 100 万 kW。各电站的水位库容曲线如图 6.2.7 所示，其横坐标为水库库容，单位亿 m^3，纵坐标为水库水位，单位 m，水位库容曲线是水电站管理调度的重要曲线之一。

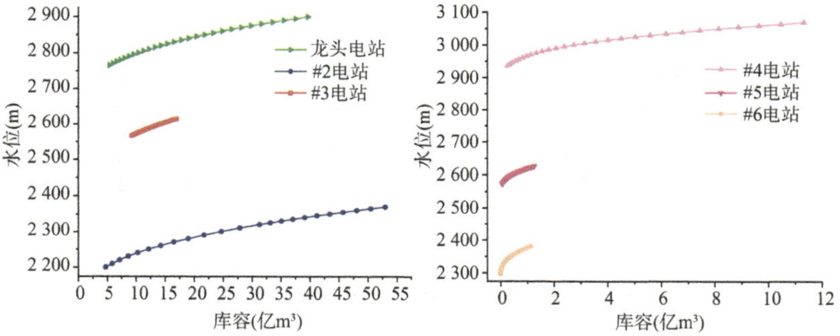

图 6.2.7　梯级水电站水位库容曲线

梯级各水电站的出力系数如图 6.2.8 所示，除龙头水电站出力系数为8.3 外，其余各个水电站的出力系数均为 8.5。梯级各水电站的正常蓄水位和死水位如图 6.2.9 所示。

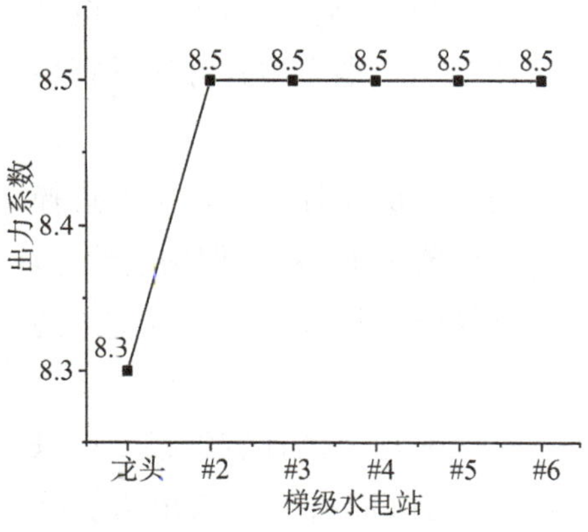

图 6.2.8　梯级水电站出力系数

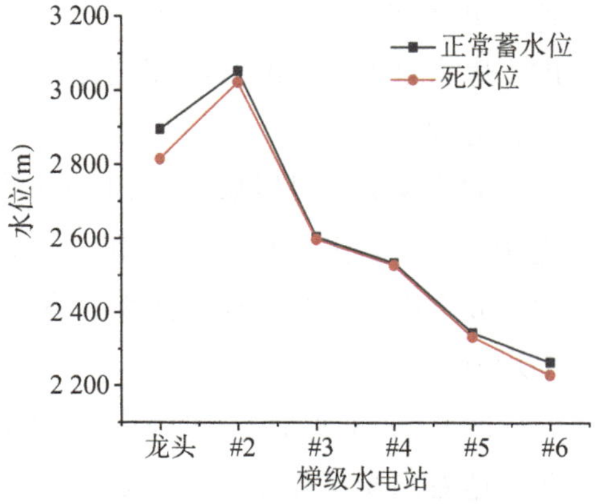

图 6.2.9　梯级水电站水位

各梯级水电站的下游水位与流量的关系曲线如图 6.2.10 所示，其中，龙头水电站水位在 2 600 m 附近。由此可以得到该流域梯级电站之间水位和流量之间的联系。

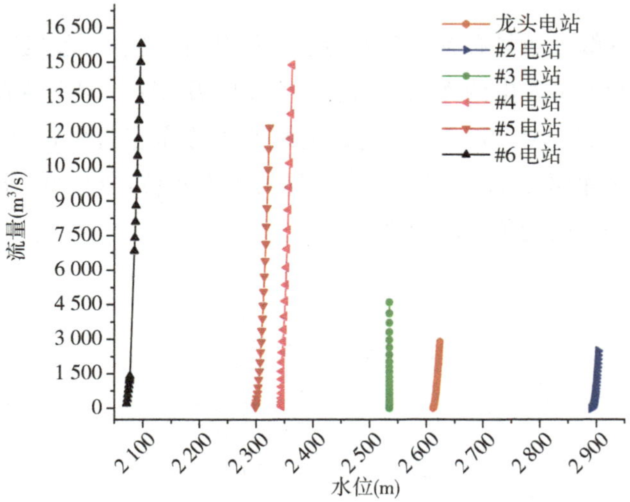

图 6.2.10 梯级水电站下游水位流量关系

本节所研究的流域共有 6 座梯级水电站，故 IGSA 的搜索解空间为 6 维；各水电站的最大出力分别为 170 万 kW、260 万 kW、69 万 kW、190 万 kW、40.5 万 kW 和 100 万 kW，故设定个体的位置信息上、下限分别为 $X_{max}=[170,260,69,190,40.5,100]$，$X_{min}=0$；最大迭代次数为 220；学习因子 $c_1=0.85$，$c_2=0.95$；根据电站当前的水头、出力以及出力系数可得到电站的发电耗水量；根据电站的水位、水位-库容曲线和下游水位-流量关系，可得到电站的水库水量以及当前水位；以上各种曲线均采用最小二乘多项式方法进行数字化处理。

完成参数的设置后，利用 IGSA 求解目标函数。从 6 月和 9 月中各选择光伏出力为阴天、雨天和晴天的 3 个代表日进行水光互补系统短期调度计算，共计 6 个样本。为了确保计算的稳定性，本次计算结果均取 5 次计算结果的平均值。

图 6.2.11 所示为 6 月份光伏在各个场景下水光出力的计算结果。可以明显地看出光伏在阴天、雨天出力的波动性、随机性，同时在光伏出力突降时，水电能够在一定时间内快速反应，补充这部分下降的容量，维持系统出力

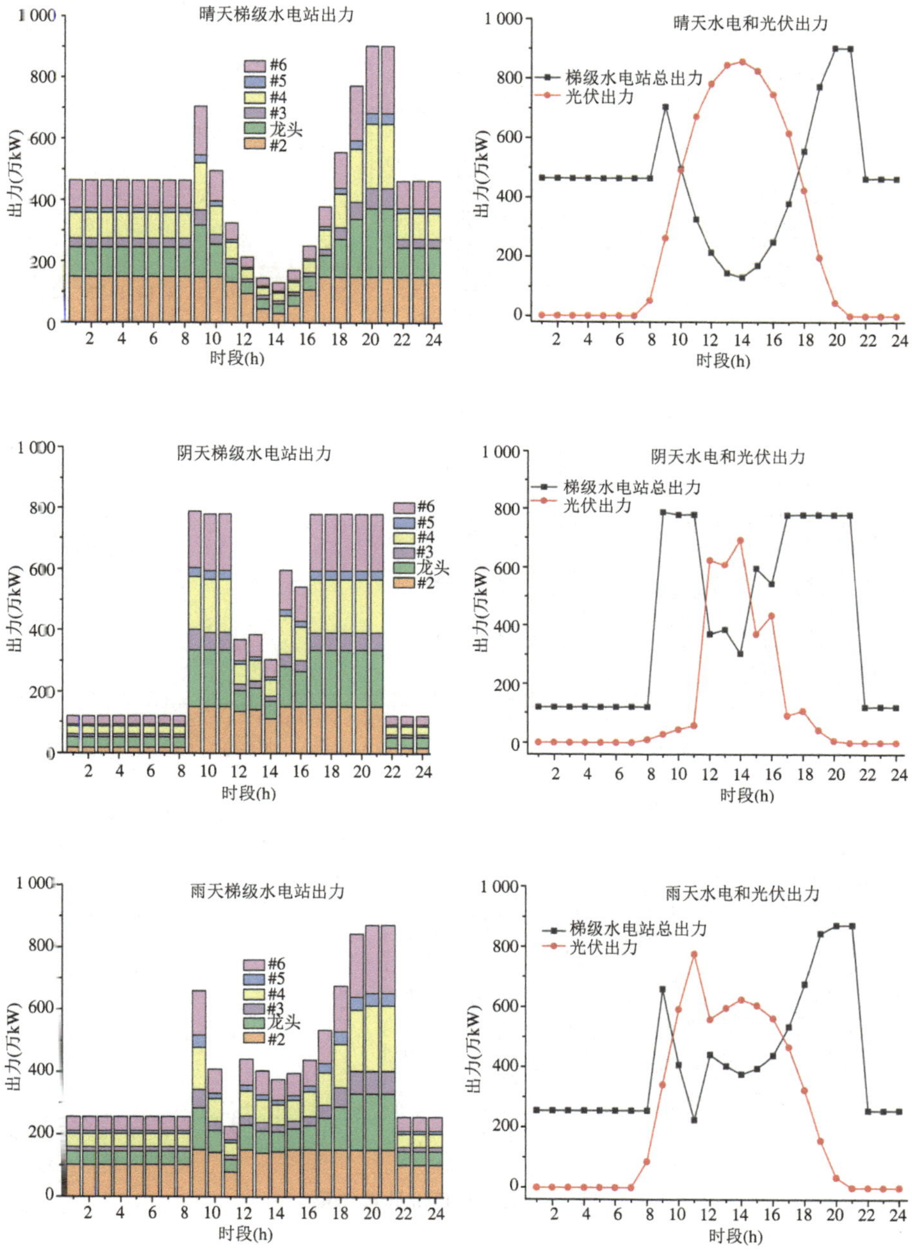

图 6.2.11　6 月份计算结果

的稳定性；由于温度以及光强等因素的影响，光伏在雨天的平均出力明显小于其他场景，但水电和光电之间的互补性仍被保留。

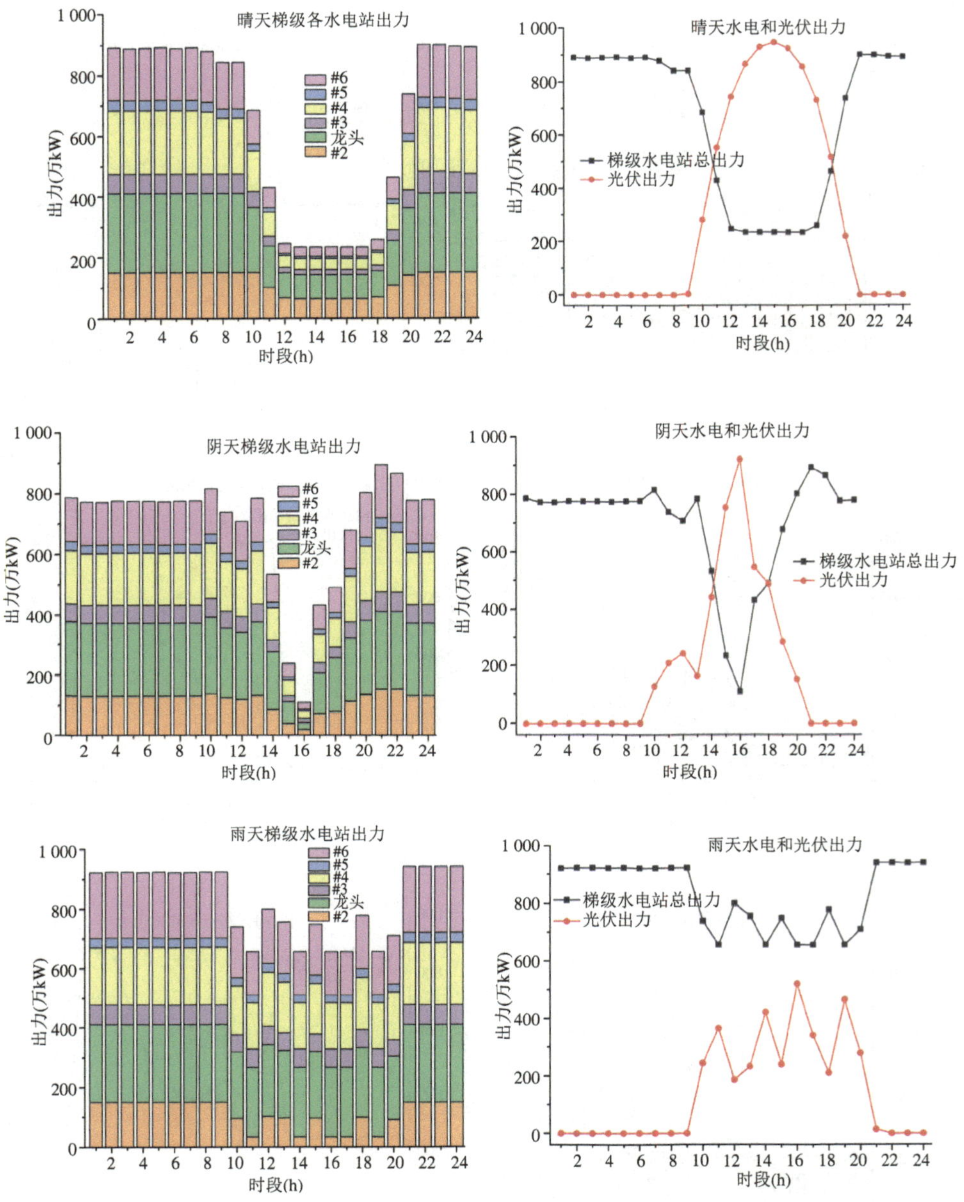

图 6.2.12　9 月份计算结果

图 6.2.12 为 9 月份光伏在各个场景下水光出力的计算结果。此时已经进入流域的汛期，流域的径流量增加，各水电站水库水位上升，梯级水电站的总出力相较于还未进入汛期的 6 月来说增加比较明显，梯级水电对光伏出力的互补作用也更加明显，水光系统总出力保持稳定。汛期时，水电站出力明

显增大，此时在某些场景下，若光伏出力相对也比较大，则容易发生弃光或弃水的现象。

水光互补前后水光互补系统的出力变化如图 6.2.13 所示。互补后水光总出力相较于互补前，出力稳定性明显提高；在调峰时段，水光系统的总出力大小不超过其送出通道的上限(1 000 万 kW)；互补后的水光系统在光伏出力波动时，可实现“削峰填谷”的功能，使得互补后的系统总出力无波动或者波动较小。

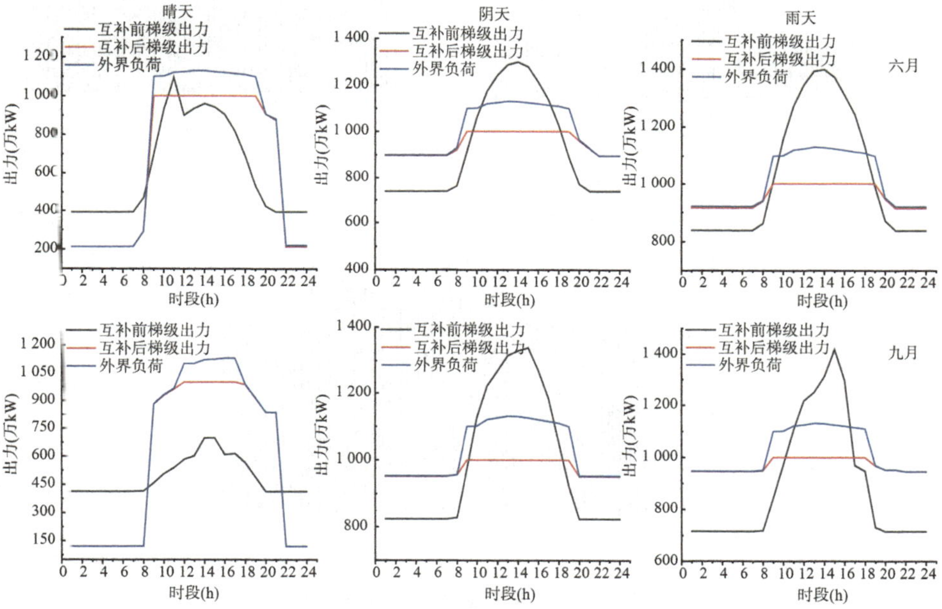

图 6.2.13　水光互补前后水光互补系统的出力对比

再利用传统 GSA 方法对上述问题进行求解，参数设置与 IGSA 求解时设置相同：设定个体的位置信息上下限分别为 $X_{max}=[170,260,69,190,40.5,100]$，$X_{min}=0$；寻优最大迭代次数为 220；学习因子 $c_1=0.85$，$c_2=0.95$ 。以 6 月份三种光伏出力场景下的计算结果为例，如图 6.2.14 所示。可以看出，IGSA 和 GSA 两种方法，在低负荷时段计算结果相差较小，在高负荷时段计算结果相差较大；IGSA 算法得到的计算结果更加接近外界负荷的值，且在高负荷时段能够达到互补系统出力通道上限，而 GSA 计算结果与负荷曲线相差 20%左右；从计算时间上来看，IGSA 算法求解一个日内样本所需时间为 56 123.84 s，而 GSA 计算相同样本所耗费的时间为 112 365.22 s，接近 IGSA

所花费时间的 2 倍。综上所述，IGSA 方法求解水光互补系统优化调度符合调度要求。

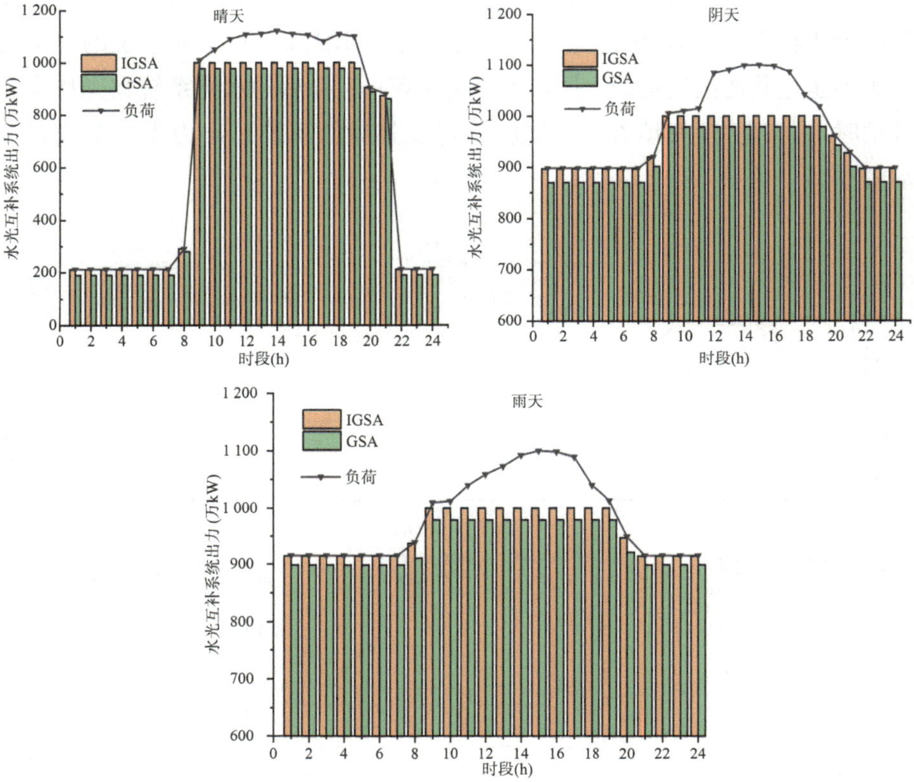

图 6.2.14　两种算法计算结果对比

6.3　小结

本章构建了基于改进粒子群算法的以联合系统发电效益最大与电网余荷波动性最小的多目标梯级水光互补调峰运行模型。通过对比、分析不同水光场景、不同目标函数下的调峰评价指标，可知当梯级水光互补调峰运行模型在以联合系统发电效益最大、余荷峰谷差最小为目标函数时，整体具备较小的余荷功率波动与峰谷差，同时可充分利用、消纳水光资源，有利于水光联合系统的整体调峰运行以及发电效益产出。

此外，本章还建立了基于改进万有引力搜索算法的以水光互补系统未分配负荷最少为目标函数的短期优化调度模型，得到各水电站在各时段的出力任务。IGSA 算法所耗费的时间仅为原始 GSA 算法的一半，且分配结果在用电高峰期能够达到系统送出通道上限，满足用电和调度需求，而 GSA 算法结果与通道上线最大相差能够达到通道容量的 20%。水光互补系统能够在外界负荷高峰期时段迅速增大系统的总出力，达到通道出力值上限；能够在光伏出力快速下降时，快速增加水电出力，维持或者增大水光系统的总出力，使得系统的未分配负荷值最小，系统未分配负荷最大不超过外界负荷的 5%。同时，计算结果也表明水光互补系统能够减少水电站的弃水和光伏电站的弃光现象，实现水电以容量补足光电，光伏以电量弥补水电的目标。

第 7 章 基于动态规划方法的水电站负荷分配

水电站负荷分配，是指电站需要在满足电网负荷偏差的前提下，同时考虑多重约束条件诸如流量约束、启停次数约束、最小运行时间约束等，根据“以水定电”或“以电定水”等原则，协调机组间的启停、出力大小以完成机组负荷分配。

新能源大规模并网导致水电站负荷波动具备频率更高、幅度更大的特性，水电机组也需要具有更为优异的负荷分配优化能力，然而目前水电站实际运行过程中，存在两个问题亟待解决：一是机组在运行过程中存在不在运行区的问题，负荷分配过程中不可避免地存在穿越振动区的情况；二是传统动态规划模型在考虑多重约束的情况下，无法高效地进行机组负荷分配计算，或者负荷分配方案无法兼顾经济性与安全性。为此，本书对水电站负荷分配优化方法进行详细阐述，本章主要介绍基于传统动态规划和改进动态规划方法的水电站机组负荷分配。

7.1 水电站负荷分配数学模型

7.1.1 目标函数

水电站短期调度主要包括两个基本内容：发电计划编制（以水定电）和实时经济运行（以电定水）。发电计划编制一般以负荷分配过程中发电量最大为目标函数时：

$$E = \max \sum_{i=1}^{I} \sum_{t=1}^{I} P_{i,t}(H_t, Q_{i,t}) \times \lambda_{i,t} \times \Delta t \tag{7.1.1}$$

式中：$P_{i,t}(H_t, Q_{i,t})$ 表示第 i 台机组在 t 时段下根据当前水头与来水流量所确定的出力。

水电站实时经济运行一般以耗水量最小为目标函数，可参考式(7.1.2)。

$$W = \min\sum_{i=1}^{I}\sum_{t=1}^{I}[Q_{i,t}(H_t, P_{i,t}) \times \Delta t + \lambda_{i,t}(1-\lambda_{i,t-1}) \times W_{\text{on\_off}} + n_{\text{cross}} \times W_{\text{cross}}] \tag{7.1.2}$$

式中：I 为机组台数；T 为时段数；$Q_{i,t}(H_t, P_{i,t})$表示第 i 台机组在 t 时段内，根据 t 时段水头与出力所产生耗流量；Δt 为时间粒度；$\lambda_{i,t}$表示第 i 台机组在 t 时段内的启停状态，以二进制表示，1 为开机，0 为停机；n_{cross} 表示机组穿越振动区次数；$W_{\text{on\_off}}$、W_{cross} 表示机组在调度过程中的额外启停（不包括最初开机与最末尾的停机）与穿越振动区损耗折合水量。

本章内容主要偏重水电站厂内实时经济运行，因此遵循“以电定水”的原则，以式(7.1.2)为模型目标函数。

7.1.2　约束条件

(1) 振动区约束

$$(P_{i,t} - P_{i,t}^{v\max})(P_{i,t} - P_{i,t}^{v\min}) \geqslant 0 \tag{7.1.3}$$

(2) 机组启停时间约束

$$\begin{cases} T_i^{\text{on}} - T_{\min}^{\text{on}} \geqslant 0 \\ T_i^{\text{off}} - T_{\min}^{\text{off}} \geqslant 0 \end{cases} \tag{7.1.4}$$

(3) 机组额外启停次数约束

$$0 \leqslant \sum_{t=1}^{T}\sum_{i=1}^{I} N_{i,t}^{\text{on,off}} \leqslant N_{\max}^{\text{on,off}} \tag{7.1.5}$$

(4) 流量约束

$$Q_{\min} \leqslant Q_{i,t} \leqslant Q_{\max} \tag{7.1.6}$$

(5) 库容约束

$$V_{\min} \leqslant V_t \leqslant V_{\max} \tag{7.1.7}$$

(6) 机组出力约束

$$P_i^{\min} \leqslant P_{i,t} \leqslant P_i^{\max} \tag{7.1.8}$$

(7) 电网负荷偏差约束

$$P_{dt} \times (1-\delta) \leqslant \sum_{i=1}^{I} P_{i,t} \leqslant P_{dt} \times (1+\delta) \tag{7.1.9}$$

式中：$P_{i,t}$、$P_{i,t}^{v\max}$、$P_{i,t}^{v\min}$ 表示第 i 台机组 t 时刻出力以及振动区上下限；T_i^{on}、T_i^{off} 表示第 i 台机组连续启停时间；$T_{\min}^{\text{on}}$、$T_{\min}^{\text{off}}$ 表示第 i 台启停机最小限制时间；$N_{i,t}^{\text{on,off}}$ 表示第 i 台机组 t 时刻下的额外启停次数；$N_{\max}^{\text{on,off}}$ 表示整个调度过程中所有机组允许的最大额外启停次数之和；$Q_{i,t}$ 、$Q_{\min}$ 、$Q_{\max}$ 分别表示第 i 台机组 t 时段下的发电流量以及对应流量的边界值；V_t、$V_{\min}$ 、$V_{\max}$ 分别表示 t 时段下的库容容积以及对应库容的边界值；$P_i^{\max}$ 、$P_i^{\min}$ 则表示第 i 台机组的最大最小出力；P_{dt} 、δ 分别代表电网给定负荷与负荷偏差。

7.1.3 机组出力波动约束

在负荷最优分配当中，为避免连续时段内需求负荷小范围波动时，出现机组出力波动较大的情况，添加机组出力波动约束，如下所述。设 Z_{t1}，Z_{t2}，…，Z_{tn} 分别为 t 时段下($t>1$)的 n 个机组组合，Z_{t-1} 为 $t-1$ 时段下最优负荷分配对应组合。

对于 n 个组合解中任一解 Z_{ti}，皆有：

(1) 若 $Z_{ti} \neq Z_{t-1}$ ，则当前时段机组组合发生变化，为了减小组合变动时机组出力波动，新开机机组出力 $P_{i,t}^{*}$（$*$ 代表新开机组）应满足如下约束

$$P_{i,\min}^{n} \leqslant P_{i,t}^{*} \leqslant P_{i,\max}^{n} \tag{7.1.10}$$

式中：$P_{i,\min}^{n}$、$P_{i,\max}^{n}$ 表示第 i 台机组第 n 个可运行区的最小、最大边界，单位为 MW。

随后将 Z_{ti} 组合下新开机机组出力之和、停机所损失出力之和、需求负荷变化值进行相加减，表示持续开机机组需增加或减少的对应出力，并以此作为限制其波动的范围约束。

$$\Delta P = \sum_{i=1}^{I_1} P_{i,t}^{*} - \sum_{i=1}^{I_2} P_{i,t-1}^{*} - \left(\sum_{i=1}^{I} P_{i,t-1} - P_t\right) \tag{7.1.11}$$

$$\max\left(\sum_{i=1}^{I_{\text{on}}} P_{i,t-1}^{\text{on}} - \Delta P, P_{i,\min}^{n}\right) \leqslant P_{i,t}^{\text{on}} \leqslant \min\left(\sum_{i=1}^{I_{\text{on}}} P_{i,t-1}^{\text{on}} + \Delta P, P_{i,\max}^{n}\right) \tag{7.1.12}$$

式中：$\sum_{i=1}^{I_1} P_{i,t}^{*}$ 表示 t 时段有 I_1 台新开机组出力之和，若当前时段无新开机组，则此部分为 0；$\sum_{i=1}^{I_2} P_{i,t-1}^{*}$ 表示 $t-1$ 时段到 t 时段需要消纳的 I_2 台关机机组出力之和，若当前时段无新关机组，则此部分为 0；$\sum_{i=1}^{I} P_{i,t-1} - P_t$ 表示时段间负荷转移值，即上一段机组实际出力之和与当前给定需求负荷 P_t 之差。$P_{i,t-1}^{\mathrm{on}}$ 表示 Z_{ti}、Z_{t-1} 两个组合中第 i 台都持续开机运行的机组对应出力，I_{on} 则表示两个组合中共有 I_{on} 台持续开机的机组数量。

当 $I_{\mathrm{on}}>1$ 时，为进一步限制出力范围约束，进行 ΔP 的更新操作：

$$\begin{cases} \Delta P = \Delta P - \sum_{i=1}^{I_{\mathrm{on}}} (P_{i,t}^{\mathrm{on}} - P_{i,t-1}^{\mathrm{on}}), \sum_{i=1}^{I} P_{i,t-1} < P_t \\ \Delta P = \Delta P - \sum_{I=1}^{I_{\mathrm{on}}} (P_{i,t-1}^{\mathrm{on}} - P_{i,t}^{\mathrm{on}}), \sum_{i=1}^{I} P_{i,t-1} > P_t \end{cases} \tag{7.1.13}$$

(2) 若 $Z_{ti}=Z_{t-1}$，即当前时段机组组合不发生改变时，将负荷波动均摊分给正在运行机组，即

$$\Delta P = \frac{\sum_{i=1}^{I} P_{i,t-1} - P_t}{I_{\mathrm{on}}} \tag{7.1.14}$$

7.1.4　波动评价指标

针对机组出力过程中的负荷变化的非稳定性、波动性，需要借助定性分析指标评判整体变化曲线的平稳程度。对此，对运行周期中的每台机组出力曲线都进行以下三种指标的整体评估。

平均波动幅度 S_{AVR} 用于表征连续曲线在相邻周期内的变化和波动，曲线的波动程度与数值成正比，能在一定程度上反映连续数据的离散程度。

$$S_{AVR}^{i} = \frac{1}{T}\sum_{t=1}^{T-1}\left(\frac{P_{i,t+1} - P_{i,t}}{P_{i,\max}} \times 100\%\right) \tag{7.1.15}$$

功率分布偏度 S_P 作为反映机组出力曲线波动与倾斜程度的有效指标之一，其值大小与曲线波动剧烈程度成正比关系。S_{SD}^{i} 表示第 i 台机组的标

准差。

$$S_P^i = \frac{1}{T}\sum_{t=1}^{T}\left(\frac{P_{i,t}-\overline{P_i}}{S_{SD}^i}\right)^3 \tag{7.1.16}$$

$$S_{SD}^i = \sqrt{\frac{\sum_{t=1}^{T}(P_{i,t}-\overline{P_i})^2}{T}} \tag{7.1.17}$$

波动出力比 S_{epsilon} 以负荷分配期内的机组出力波动的平均值与机组总出力之比作为表征波动趋势的指标。

$$S_{\text{epsilon}}^i = \frac{\sum_{t=1}^{T}|P_{i,t}-\overline{P_i}|}{\sum_{t=1}^{T}P_{i,t}} \times 100\% \tag{7.1.18}$$

式中：$\overline{P_i}$ 表示第 i 台机组负荷分配过程中的平均出力，T 为负荷分配的总时段数，t 为负荷分配最小时间尺度。

7.1.5 机组联合运行区与振动区穿越风险系数

文献提出对于多振动区机组可采用建立机组联合运行区的方式缩小问题的复杂程度；并且在此基础之上提出穿越振动区风险系数，用以评估当前机组排列组合处于各自运行区的机组集合所得的机组联合运行区是否存在穿越振动区的可能性。

根据数学理论中的数组集合概念，单台多振动区机组运行区定义如下：

$$P_{\text{opera}} = [P_{\min}, P_{\text{zmin1}}] \cup [P_{\text{zmax1}}, P_{\text{zmin2}}] \cup \cdots \cup [P_{\text{zmax}i}, P_{\max}] \tag{7.1.19}$$

式中：$P_{\min}$、$P_{\max}$ 分别表示单台机组出力最小值与最大值；P_{zmin1}、P_{zmax1} 则表示单台机组第一块振动区域的边界下限与上限。$P_{\text{zmax}i}$ 则表示此机组第 i 块振动区的边界上限。

N 台机组在不同排列组合下机组联合运行区可定义为：

$$P_G = \left[\sum_{n=1}^{N}u_n \times P_{\text{down}}^n, \sum_{n=1}^{N}u_n \times P_{\text{up}}^n\right] \tag{7.1.20}$$

式中：u_n 表示第 n 台机组启停状态，以二进制表示，0 为关机，1 为开机；P_{down}^n、

P^n_{up} 分别表示第 n 台机组运行区的下边界与上边界。

当某一时刻下的电网给定负荷扰动区间 Lt 包含于 P_G 时，则说明各机组仅需在各自运行区内通过爬坡降坡操作进行调整，无须进行振动区穿越便可完成给定电网负荷下的需求分配任务；当 $Lt \cap P_G < Lt$ 时，则说明各机组在当前时刻负荷分配操作有一定概率穿越振动区；当 $Lt \cap P_G = 0$ 时，则说明各机组当前时刻为完成电网负荷需求必定穿越振动区。

基于此，采用式(7.1.21)将机组振动区穿越风险系数以量化：

$$R = \begin{cases} 1, & Lt \cap P_G = 0 \\ 1 - \dfrac{P(Lt \cap P_G)}{P(Lt)}, & Lt \cap P_G \neq 0 \end{cases} \tag{7.1.21}$$

可知，当且仅当 $R=1$ 时，所选机组组合以及对应机组联合运行区完全不能满足机组避振需求；当 R 不为 1 时，对于任意排列的机组组合以及联合运行区，都有风险系数对其进行穿越振动区风险的评估衡量。

7.2　基于改进动态规划方法的水电机组负荷分配

7.2.1　动态规划算法

动态规划算法(Dynamic Programming，DP)用于求解多阶段决策过程，根据时空特性将整个过程划分为若干阶段，每一阶段都需做出相应的决策从而使整个过程达到最优结果。动态规划算法中的一些主要名词如下。

(1) 阶段：将目标问题的过程分为若干个相互联系的阶段，不同过程对应不同的阶段数。把描述阶段的变量称为阶段变量，通常是离散的。

(2) 状态：表示每个阶段开始面临的自然状况或客观条件，也称为不可控因素。

(3) 决策：当某阶段的状态确定以后，从当前状态发展到下一阶段某个新状态的一种行为称为决策。

(4) 状态转移方程：根据一定的规则，从某一状态变化到另一状态，此规则称为状态转移函数。

利用 DP 求解厂内经济运行问题时，其状态点的生成，可以直接满足各种约束，对约束的处理较简单；同时这种方法可以同时确定机组的最优组合并完成负荷分配。但随着水电站规模扩大和机组台数的增多，为了得到较优解，需要相应地增加状态变量，这样一来就有可能出现“维数灾”，无法得到最优解。

为此，在动态规划算法各阶段进行寻优时，可以利用智能算法提高寻优速度和精度，也可以通过将 DP 算法与其他算法相互嵌套，形成双层智能算法体系，更加高效快速地得到候选组合解集，完成机组负荷分配。

7.2.2 改进生物地理学算法

7.2.2.1 生物地理学算法

生物地理学算法(BBO)的核心思想即通过模拟相邻个体在演变进化过程中的迁移、迁出现象，结合个别个体的变异突变来寻求问题的最优解。将个体比作栖息地，每次迁移前后都会计算栖息地的适应度指数，以此来评估问题候选解的质量。迁移过程中至关重要的两个因素为物种迁移模型与物种迁移算子，通过计算每个个体的迁入概率与迁出概率，进而获得栖息地的适应度指数，实现栖息地之间信息相互传递，提高整体解群的适应度，适应度指数大小与候选解的质量成正比关系。

传统迁移模型、算子见式(7.2.1)、式(7.2.2)，它们表示物种数量为 n、最大迁入率与最大迁出率分别为 I、E 的第 i 个个体物种演变过程，λ_i、μ_i 分别表示第 i 个个体的迁入、迁出概率。但过于简单的物种迁移变化曲线并不能在较高的精确度上准确地模拟生物迁移情况，使得该模型逐渐不能适应新的需求。

$$\lambda_i = I(1 - \frac{i}{n}) \tag{7.2.1}$$

$$\mu_i = \frac{Ei}{n} \tag{7.2.2}$$

在 BBO 算法中，单个个体可被认作一个栖息地，若某个栖息地适宜生物居住，则其具备较高的适宜度指数(Habitat Suitability Index，HSI)，与 HSI 有关的影响因子则被称为适宜度指数变量(Suitability Index Variables，SIV)。BBO 使用 HSI 作为优化函数适应值，因此，候选解集质量的好坏与栖息地 HSI 值的高低成正比关系，通过栖息地之间的物种迁移活动，交换不同栖息地之间的 HSI 值，有助于提高候选解集整体适应度。公式(7.2.3)则表示栖息地 HSI_j 与 HSI_i 之间的物种迁移活动，$\Omega(\lambda,\mu)$ 为迁移算子，通过迁移概率 λ 与迁出概率 μ 来调整栖息地。

$$\Omega(\lambda,\mu): HSI_i(f_{SIV}) \leftarrow HSI_j(f_{SIV}) \tag{7.2.3}$$

7.2.2.2　改进迁移模型

文献研究了不同迁移函数模型对迁移结果的影响，其中分别提出正弦函数在模拟真实演变过程中具有较好表现以及不同适应度下的两段式物种迁出模型，基于此本节通过比较种群中单个个体适应度与种群平均适应度的关系以进行迁出模型的更替。在种群刚开始繁衍时，物种往往具有较高的迁入率与较低的迁出率；随着物种数量增多，物种迁入率较低，迁出率较高。当个体栖息地适应度指数低于群均适应度指数，表明该栖息地具有较低的适应性，宜迁出；而当个体指数高于群均适应度指数时，动态化调整迁出函数，根据个体代数自主选择合适的迁出率：

$$\lambda_i = \frac{I}{2}(\sin(\frac{\pi}{2} + \frac{i\pi}{n}) + 1) \tag{7.2.4}$$

$$\mu_i = \begin{cases} \frac{E}{2}, F(i) < F\_average \\ \frac{E}{2}(-\sin(\frac{\pi}{2} + \frac{i\pi}{n}) + 1), F(i) \geqslant F\_average \end{cases} \tag{7.2.5}$$

式中：$F(i)$、$F\_average$ 分别表示第 i 个个体的适应度以及当代种群的平均适应度。

通过结合遗传算法中的混合交叉变异操作，可用混合迁移算子替换 BBO 算法中的传统迁移算子，见公式(7.2.6)。公式(7.2.6)中的参数 r 满足区间为[0,1]的均匀分布，通过混合交叉变异操作，使栖息地 HSI_i 中的 SIV 不再只是简单地被栖息地 HSI_j 所取代，而是采取共同混合的方式，确保解集质量高的栖息地在物种迁移过程中 HSI 值不会被削弱，同时也能使解集质量较低的栖息地在迁移操作中与解集质量高的共享 SIV，提高解集整体质量。但式中 r 为随机参数，有一定的随机性。当 r 值较高时，HSI 值高的栖息地在迁移过程中参与度较低，反而提高了 HSI 值低的栖息地在迁移过程中的影响，不能很好体现物种迁移变化的规律。对此本节采用公式(7.2.7)中的迁移算子实现对随机参数的动态替换。当 HSI_j 的 HSI 值较 HSI_i 高时，栖息地 HSI_j 的迁出概率 μ_j 与栖息地 HSI_i 的迁入概率 λ_i 都较低，根据公式(7.2.7)可知 $(1-\mu_j)HSI_j(f_{SIV})$ 将大于 $\lambda_i HSI_i(f_{SIV})$；当 HSI_j 的 HSI 值较 HSI_i 低时亦是如此。因此公式(7.2.7)在栖息地物种迁移过程中，可有效地提高 HSI 值高的栖息地在迁移过程中的影响力与参与度，避免了迁移算子的简单替代

与随机数 r 的较大随机性，更好地综合了栖息地的适应度变化，有利于扩大最优解的搜索范围，达到增强候选集、避免陷入局部最优解的目的。

$$\Omega^{*}(\lambda,\mu):HSI_{i}(f_{SIV})\leftarrow rHSI_{i}(f_{SIV})+(1-r)\ HSI_{j}(f_{SIV}) \tag{7.2.6}$$

$$\Omega^{*}(\lambda,\mu):HSI_{i}(f_{SIV})\leftarrow \lambda_{i}HSI_{i}(f_{SIV})+(1-\mu_{j})\ HSI_{j}(f_{SIV}) \tag{7.2.7}$$

7.2.3 双层模型嵌套求解

将 IBBO 算法与 DP 模型相嵌套形成双层智能算法体系，外层为 DP 模型，用于对机组组合进行约束下寻优，获得候选组合解集；内层为 IBBO 算法，以式(7.1.2)为目标函数对候选解集中的组合进行出力分配计算，同时结合出力波动约束限制负荷分配过程中出力波动程度，进行逐时段负荷最优分配，具体步骤如下：

(1) 外层组合筛选。对 n 台水力机组共存在 $2n$ 种组合方案，排除不符合约束条件下的机组组合，其余则保留为候选组合解集内层模型的输入。

(2) 内层出力分配计算，对组合候选集中每个组合依次进行出力计算。首先进行种群初始化，为限制需求负荷发生变化时引起机组过多增减出力，在种群初始化阶段，缩小初始解的生成空间，并进行个体栖息地适宜度指数的评估；随后采用改进迁移模型、迁移算子对个体进行迁移与信息交叉互换，扩大解空间的搜索范围，对完成信息交换后的栖息地重新进行适应度排序，根据适应度最大值获得当前迭代次数下的机组组合出力最优解。

(3) 内层算法结束后可获得机组组合候选集中每个组合对应的出力分配结果，此时需综合考量振动区穿越系数、机组额外启停次数，以及机组耗水量等多方面因素选取候选解集中的最优解。即可获得当下时段最佳机组组合以及对应机组出力。

(4) 记录当前时段下完成出力分配的机组组合分配信息以及相关运行时间，若 $t \geqslant 96$ 则进行步骤(5)；否则回到步骤(1)。

(5) 统计全过程中耗流量与耗水量等过程数据，结束负荷分配计算。

通过双层嵌套模型进行逐时段下负荷分配优化，任一时段下的模型求解流程如图 7.2.1 所示。

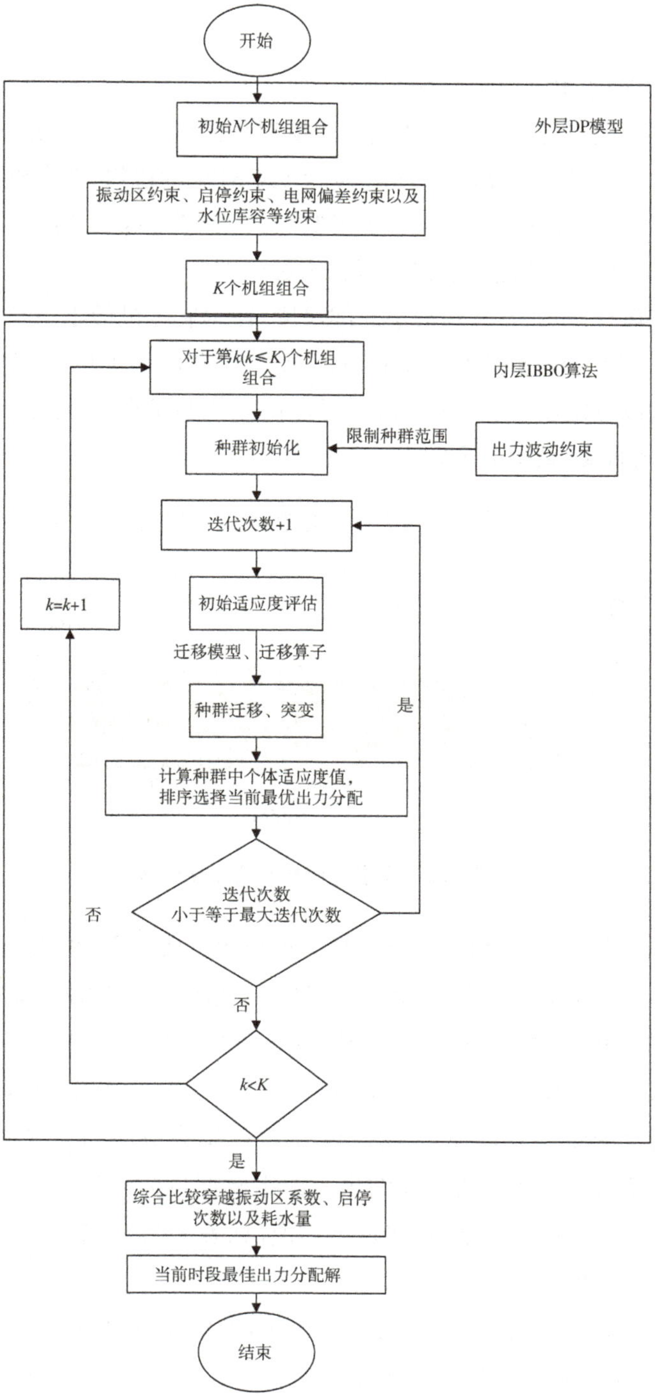

图 7.2.1　任一时段双层模型求解流程图

7.2.4 实例分析

7.2.4.1 单个水电站负荷分配实例

选取某电站当日真实运行数据作为模型负荷分配算例。该电站共装有 4 台最小出力为 20 MW，额定、最大容量为 100 MW 的机组，单台机组出力运行区为[20,35] ∪ [55,60] ∪ [80,100]MW。机组额定水头 53.4 m，单台机组每次额外开停机、穿越振动区损耗折合水量分别为 5×10^4 m^3、1×10^5 m^3。电站负荷分配运行以 15 min 为最小时间尺度，连续启停机最小限制时长分别为 9 h 与 1 h，负荷扰动范围为当前时段需求负荷的 5%，电网给定负荷偏差为 2%。根据"以电定水"的调度原则进行电站短期负荷分配优化，电站需求负荷、水头变化曲线，见图 7.2.2。

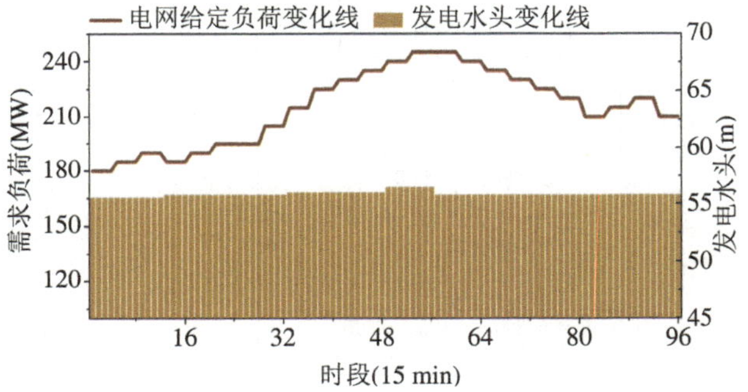

图 7.2.2 需求负荷与水头变化曲线

为验证本节针对迁移模型、迁移算子做出改进所得 IBBO 模型的性能，随机选取一个负荷时段，将所提 IBBO 模型，与文献所提 IBBO 算法以及传统 BBO 算法进行模型收敛分析对比，分别按照 7.2.3 节所述结合动态规划进行双层嵌套，设为 A、B、C 三组模型，智能算法参数设置与文献一致，三组算法的优化过程对比如图 7.2.3 所示；同时设 D 组模型为双层动态规划(DDP)，在约束条件上不考虑机组出力波动约束。四组模型目标函数一致，进行机组负荷分配计算，分别计算 50 次，结果取平均值，见表 7.2.1。耗水率即为机组耗水量与电量的比值。

由图 7.2.3 可看出，A 组收敛速度较快，曲线整体迭代过程中耗流量在 20 代左右基本已收敛在 538 m^3/s，收敛值较 B、C 两组的 545 m^3/s、548 m^3/s 低；且在曲线低谷值后并未出现较大幅度的耗流量回升现象，收敛过程稳定。

结合表 7.2.1 可发现，A 组模型下的负荷分配具备更低的耗水量与耗水率，表明通过改进迁移模型与算子使模型收敛能力得到有效提升，求解质量优于其他算法。

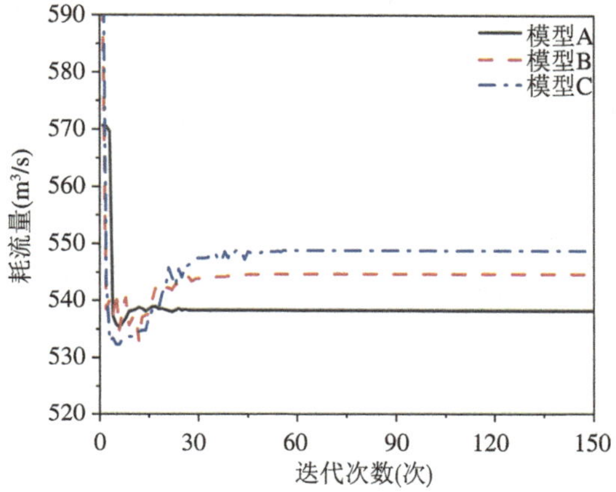

图 7.2.3　三组算法收敛特性对比

表 7.2.1　四组模型实验结果对比

<table>
<tr><th>模型</th><th>总耗水量($\times 10^7 m^3$)</th><th>耗水率[$m^3/(kW \cdot h)$]</th><th>额外启停次数(次)</th><th>振动区穿越次数(次)</th></tr>
<tr><td>A</td><td>3.970 7</td><td>7.650</td><td rowspan="4">0</td><td rowspan="3">0</td></tr>
<tr><td>B</td><td>4.024 8</td><td>7.722</td></tr>
<tr><td>C</td><td>4.030 8</td><td>7.733</td></tr>
<tr><td>D</td><td>4.439 6</td><td>8.579</td><td>24</td></tr>
</table>

为充分说明所提模型可有效提升机组避振能力，并展示模型在负荷分配过程中对耗水量的优化与对机组出力波动的平抑，随机选取 A、D 两组模型 50 次计算中的一次结果进行分析。绘制四台机组出力过程以及振动区穿越情况(不包括机组最初开机与最终停机的振动区穿越)，见图 7.2.4，图中红色部分表示机组出力过程存在振动区穿越；绘制两组模型负荷分配过程中耗水量对比情况，见图 7.2.5。

在 50 次的负荷分配过程中，A 组模型可做到完全不穿越振动区，仅 2 号机就可在运行过程中避免多达 12 次的振动区穿越，机组整体避振能力较 D 组模型得到明显提升。在其他优化指标的对比中，A 组模型相较 D 组节省耗水量 4.689×10^6 m^3，耗水率下降幅度达 10.83%；同时结合图 7.2.5，可知 A

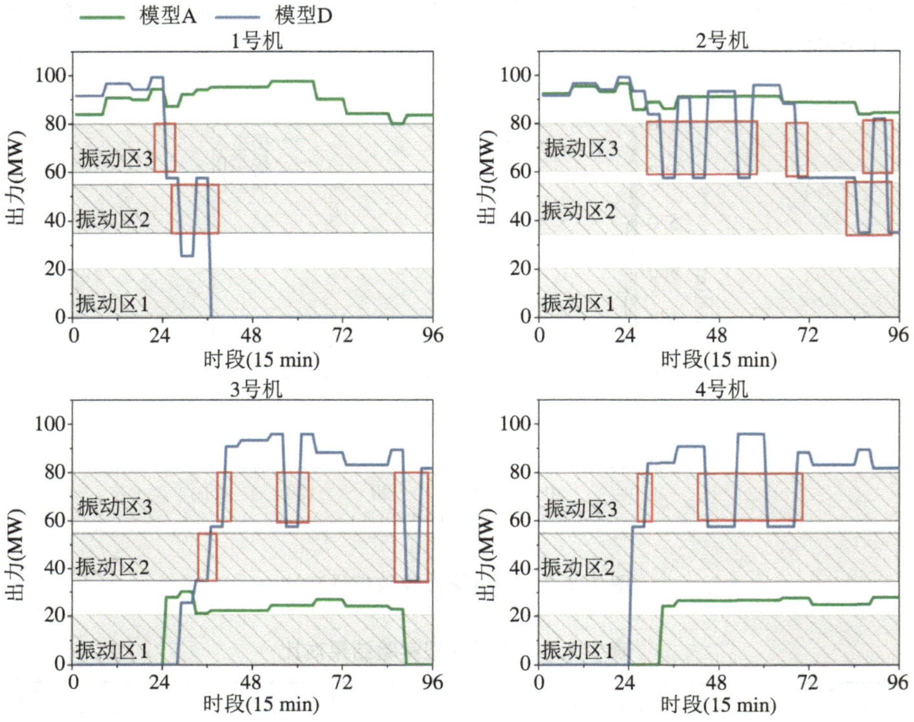

图 7.2.4 四台机组运行出力曲线

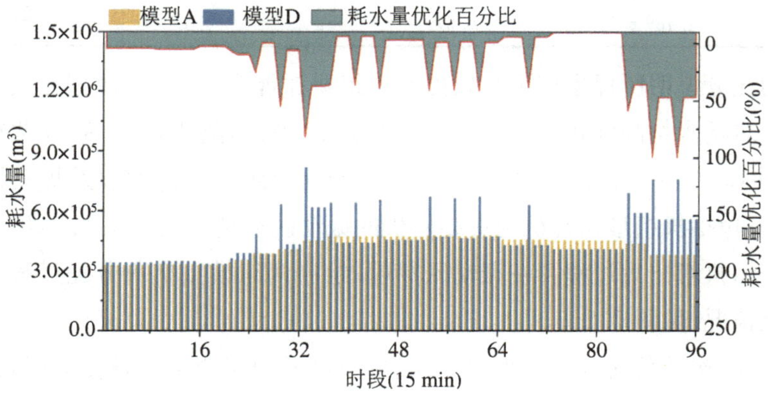

图 7.2.5 两组模型耗水量对比图

组模型在绝大多数时段下机组发电耗水量低于 D 组，耗水量平均优化幅度在 11.27%。通过对图 7.2.5 进一步观察可发现在第 89 和 93 点出力时段 A 组模型下耗水量优化幅度可接近 100%，即该时段下的 A 组模型耗水量仅为 D 组一半，可节省水量 $3.8026\times10^5\ m^3$，优化幅度显著。表明 A 组模型可对负荷分配过程中机组输出功率进行更为合理科学的规划，优化机组出力分配并提高目标函数完成度，在运行过程中兼顾安全性与经济性，为水电机组提供更加优良的分配结果。

最后采用 7.1.4 节中的波动指标对 A、D 两组模型进行出力波动评估，两组模型的负荷分配结果见图 7.2.6，两组波动评价指标对比见表 7.2.2。表 7.2.2 中未设置功率分布偏度 S_P 的平均值对比，是因为机组的该指标有正有负，若进行加权求平均值，会使得数据间的正负波动相消，无法进行正确的比较。

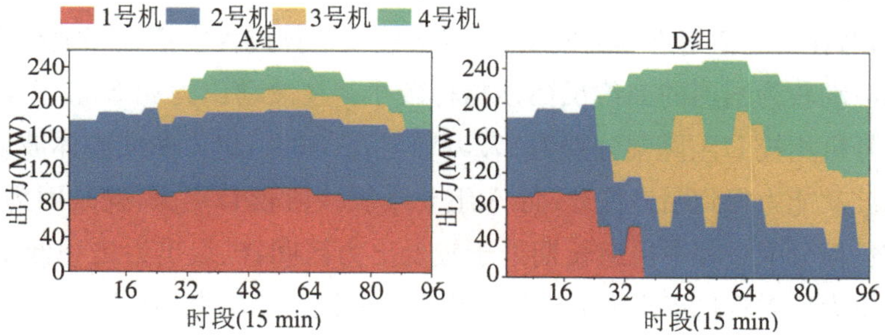

图 7.2.6　两组模型负荷分配结果

表 7.2.2　两组模型波动指标对比结果

机组	模型	指标	
		S_{AVR}(%)	$S_{epsilon}$(%)
1 号机	A	0.4754	3.1365
	D	1.8551	126.1447
2 号机	A	0.4766	4.3101
	D	4.0633	24.1252
3 号机	A	2.3614	66.6667
	D	3.0842	68.6873
4 号机	A	1.3054	66.6667
	D	2.6379	51.1181

续表

机组	模型	指标	
		S_{AVR}(%)	$S_{epsilon}$(%)
平均值	A	1.154 7	35.195 0
	D	2.910 1	67.518 8

从图 7.2.6 中可直观看出 A 组模型中 1 号机连续运行时间有所提升，出力变化过程平稳，且四台机组出力波动幅度较 D 组明显减小。根据表 7.2.2，纵向对比指标平均值，A 组模型的平均波动幅度 S_{AVR} 与波动出力比 $S_{epsilon}$ 分别为 1.154 7%与 35.195 0%，相对 D 组模型降幅可达 60.32%与 47.87%。横向对比，A 组模型波动幅度均小于 D 组，以 2 号机降幅 88.27%最为明显，表明出力波动约束可有效平抑相邻时段上的机组出力波动。而在功率分布偏度上，只有 A 组模型下的 2、4 号机较 D 组大，经分析，这是因为 D 组模型中 2、4 号机出力过程中振动区穿越较多，出力振荡幅度大，而该指标反映的是曲线偏离平均值的程度，若在平均值附近频繁振荡，则该指标在计算过程中正负相消程度大，最后可能波动较为剧烈的曲线反而该指标较小。在波动出力比 $S_{epsilon}$ 中，A 组模型 1、2 号机相较 D 组降幅分别为 97.51%与 82.13%，出力曲线整体波动小，机组平抑波动能力得到明显提升；而 A 组 4 号机该值较 D 组大，这是因为 A 组 4 号机在负荷分配过程中机组长期处于较低出力区间，机组出力之和低于 D 组，而波动出力比需将机组出力波动的平均值比上机组总出力，故 A 组 4 号机有较大的波动出力比。综上可知，在水电机组负荷分配过程中，A 组模型的四台机出力波动幅度均小于 D 组，出力变化过程更为稳定。

7.2.4.2 水光典型场景下的水电机组负荷分配优化

本节水光互补系统典型场景与第 3.4 及 6.2.3 节一致，具体分析四类水光典型场景下流域电站 B 的日内发电计划出力曲线，采用 IBBO-DP 模型方法进行机组负荷分配优化。电站 B 共装有 4 台最小出力为 17 万 kW，额定、最大容量为 65 万 kW 的混流式水轮机组，单台机组运行区为[17,35] ∪ [45.5,65]万 kW。机组额定水头 246 m，单台机组每次额外启停、穿越振动区损耗折合水量分别为 5×10^5 m^3、1×10^6 m^3。负荷分配运行以 15 min 为最小调度时段，单台连续启停机最小限制时长为 1 h，负荷扰动范围为当前时段需求负荷的 5%，电网给定负荷偏差为 2%。根据“以电定水”的调度原则进行电站短期负荷分配优化。四类场景下负荷分配结果见图 7.2.7 至图 7.2.10；采用 7.1.4 节中的波动评价指标对不同场景的机组出力波动进行分析，指标对比见表7.2.3至表 7.2.5。

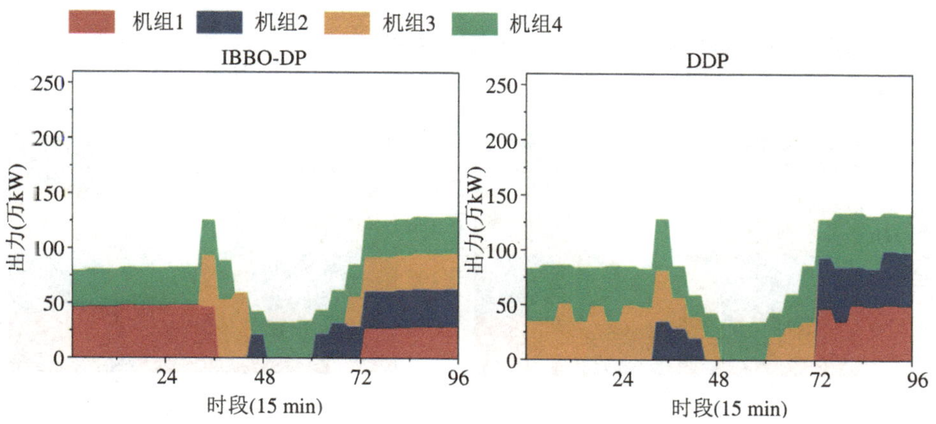

图 7.2.7　第一类场景(枯期-晴天)负荷分配结果

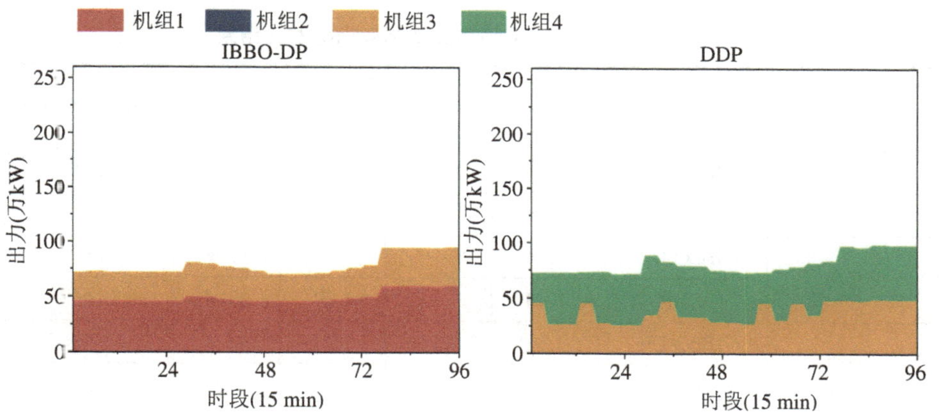

图 7.2.8　第二类场景(枯期-雨天)负荷分配结果

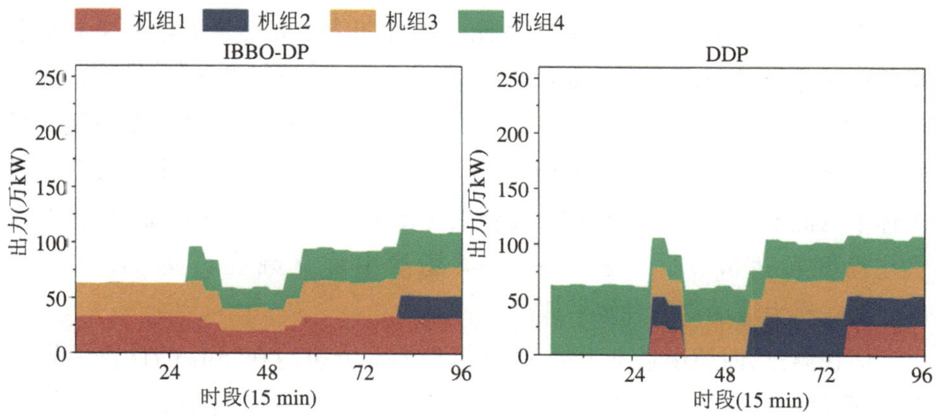

图 7.2.9　第三类场景(枯期-阴天)负荷分配结果

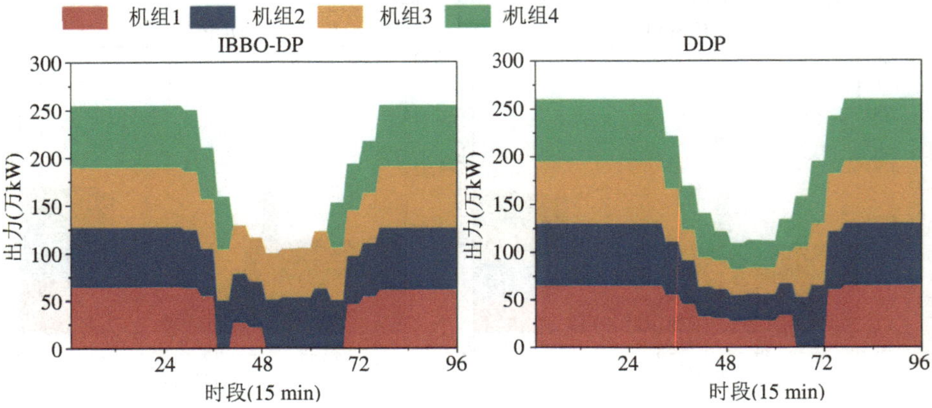

图 7.2.10　第四类场景(汛期-阴天)负荷分配结果

表 7.2.3　不同场景下平均波动幅度指标对比结果

机组	模型	场景				场景平均值
		一	二	三	四	
1 号机	IBBO-DP	0.66	0.38	0.98	1.77	0.94
	DDP	2.00	—	1.06	1.33	1.46
2 号机	IBBO-DP	1.40	—	0.27	0.95	0.87
	DDP	3.31	—	1.51	1.36	2.06
3 号机	IBBO-DP	1.91	0.69	1.31	1.03	1.23
	DDP	3.15	2.81	1.65	1.36	2.24
4 号机	IBBO-DP	1.93	—	1.50	0.81	1.41
	DDP	3.24	2.93	1.32	1.36	2.21

由图 7.2.7～7.2.10 可看出，两组模型在四类水光场景下均可完成水电机组负荷分配，但 IBBO-DP 模型相较 DDP 模型在各场景各运行时段下，并无较多“锯齿状”的出力波动现象。四类场景中 IBBO-DP 机组平均波动幅度指标 S_{AVR} 相对 DDP 模型的平均优化幅度可达 44.5%，机组 S_{AVR} 平均波动幅度指标平均值不多于 1.5%，机组优化幅度对比中以 2 号机最为明显，场景平均优化程度可达57.77%，在第一、三类场景中优化幅度可达 57.70% 与 82.12%，出力波动得到有效平抑。

但在第三、四类场景下 IBBO-DP 模型的部分机组在 S_{AVR} 的计算结果上较 DDP 略高。以第四类场景当中的 1 号机为例，经分析，这是因为该场景下 IBBO-DP 模型的 1 号机在出力过程中，机组运行总时长较 DDP 少，且存在一次机组额外启停。而机组平均波动幅度 S_{AVR} 旨在对相邻、连续时段内的机组出力波动曲线进行特征描述，若曲线样本数据偏少，抑或曲线在部分时段下出力为 0，则在该时段前后曲线存在较大的出力落差，易导致该指标的计算值偏高。

表 7.2.4　不同场景下功率分布偏度指标对比结果

机组	模型	场景			
		一	二	三	四
1 号机	IBBO-DP	−0.41	1.23	−1.35	−1.96
	DDP	−1.62	—	−1.84	−0.84
2 号机	IBBO-DP	−1.18	—	0.34	−0.40
	DDP	−0.41	—	0.26	−0.92
3 号机	IBBO-DP	1.00	0.74	−0.75	−0.50
	DDP	−0.01	0.01	0.07	−0.83
4 号机	IBBO-DP	−2.11	—	−0.72	−1.26
	DDP	−0.15	−1.12	0.79	−1.01

在功率分布偏度 S_P 当中未设置平均值比较是因为该指标存在正负之分，数值大小与波动幅度成正比关系，若加权求平均值则易使数据间波动幅度相抵消，无法进行正确的比较，但从各场景的功率分布偏度值对比中，可发现 IBBO-DP 模型四台机功率分布偏度 S_P 整体小于 DDP 模型，以第一类场景下 2、4 号机对比效果最为明显，可从−0.41、−0.15 的功率分布偏度分别优化至−1.18 与−2.11。

但在不同模型里个别机组的功率分布偏度 S_P 的对比中，某些场景下 IBBO-DP 模型的机组 S_P 要高于 DDP 模型。以场景二下不同模型的 3 号机对比为例，在该场景下，IBBO-DP 模型 3 号机的功率分布偏度 S_P 高于 DDP 模型。通过图 7.2.8 分析可知，DDP 模型下的 3 号机在负荷分配过程中，机组出力曲线的“锯齿状”明显，机组出力波动幅度较高；反观 3 号机在 IBBO-DP 模型下，机组出力曲线呈现阶梯式上升的特点，出力过程总体较 DDP 模型平稳。而之所以指标呈现的结果与实际出力过程对比相反，是因为该指标 S_P 反映的是机组出力曲线对于曲线均值的偏离程度，DDP 模型下 3 号机波动程度较高，曲线在均值附近振荡较为频繁，使得该指标在计算过程中正负相消程度较大，最后导致在指标 S_P 的对比上，波动较为剧烈的曲线反而比平缓的曲线小。

表 7.2.5　不同场景下机组波动出力比指标对比结果

机组	模型	场景				场景平均值
		一	二	三	四	
1 号机	IBBO-DP	23.21	8.83	12.67	15.72	15.10
	DDP	8.20	—	3.68	25.80	12.56
2 号机	IBBO-DP	13.16	—	2.18	10.01	8.44
	DDP	23.18	—	13.25	24.17	20.2
3 号机	IBBO-DP	24.22	11.06	13.73	9.81	14.70
	DDP	23.82	23.39	10.96	25.72	20.97
4 号机	IBBO-DP	7.82	—	16.51	8.55	10.96
	DDP	22.32	14.12	35.43	22.51	23.60

进一步分析，以 1 号机为例，IBBO-DP 模型为避免在大幅度负荷变化的情况下机组出现振动区穿越，在 9～12 h 时段水电负荷大幅下降时关闭处于较高出力区间的 1 号机；在 16～18 h 时段需求负荷较大幅度爬升时将 1 号机置于较低出力区间。从图 7.2.7 中可看出，尽管 IBBO-DP 模型的 1 号机出力曲线较 DDP 模型更为平稳，近似直线，但因 1 号机在两部分连续出力时段下处于不同的出力区间，对于 S_{epsilond} 的计算式而言，增加了出力曲线较平均值的偏离程度，从而使得该指标的计算值较大。在第三类场景中，由图 7.2.9 可看出 DDP 模型 1 号机整体运行时长较少且运行过程后半段出力较为平稳，整体波动程度相对 IBBO-DP 模型较小，使得在该场景下的 S_{epsilond} 计算值上较 IBBO-DP 模型偏低；但 IBBO-DP 模型面对需求负荷变化可更好地匹配机组台数、运行时间与对应输出功率，1 号机全程参与负荷分配过程，仅在 10～13 h 时段附近出现小幅出力波动，其余时段出力变化呈现平稳态势；反观 DDP 模型则未能在对应时段上找出分配最优解，导致 1 号机组并未参与运行较长时间，在 7～10 h 时段新开 3 台机后又关闭 2 台机，造成不必要的启停折损耗水量，加快机组损耗速度。

综上所述，在不同场景下基于机组出力波动指标的评价，考虑了机组出力波动约束的 IBBO-DP 模型可更好地在需求负荷变化的过程中合理地调节与分配各机组的输出负荷，平抑机组出力波动，提高运行稳定性。

绘制出不同模型不同场景下的耗水量、振动区穿越次数等结果对比图，见图 7.2.11、图 7.2.12。

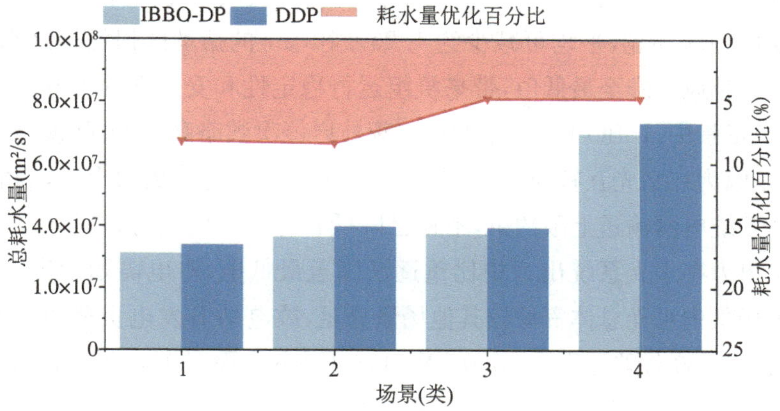

图 7.2.11 两组模型不同场景下耗水量对比

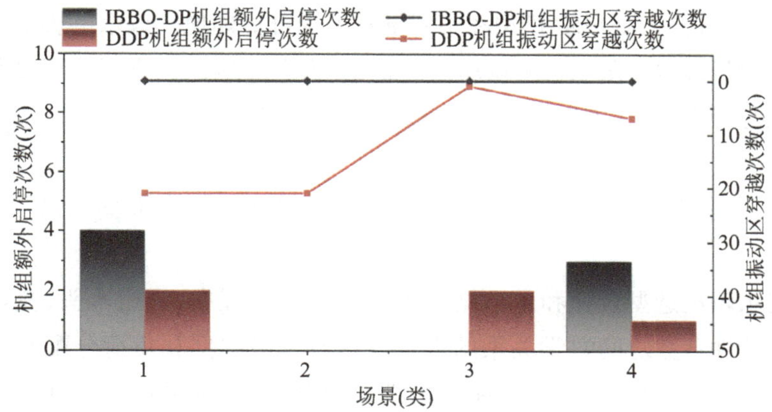

图 7.2.12 两组模型不同场景下相关指标对比

从图 7.2.11 中可看出相较于 DDP 模型，IBBO-DP 模型在四类场景中对于总耗水量的均优化程度可达 6.516 3%，约可减少 $2.863\ 8\times10^{6}\ m^{3}$ 的总耗水量，以第一、二类场景的耗水量对比最为显著，均可达到 8.3%左右的优化程度，目标函数优化效果明显；横向对比四类场景，最后一类场景中两组模型耗水量均高于其他场景，耗水量上涨幅度约为 50%，这是因为从图 7.2.10 可看出此场景下电站 B 机组出力曲线整体处于较高区间，流域处于汛期时段，来水量丰富，可充分利用水资源进行汛期高峰期的发电，而其他场景均为电站枯期，故耗水量存在较大区别。

分析图 7.2.12，可发现在机组振动区穿越的次数限制上，IBBO-DP 模型在四类场景中可做到完全不穿越机组振动区，四类场景下可减少1～21次的非必要振动区穿越，平均可减少约$1.25\times10^7 m^3$的振动区损耗折合水量，将振动区穿越风险降至最低值，带来机组运行稳定性和安全性的提升。但在第一、四类场景中，IBBO-DP模型的机组额外启停次数略高于DDP模型。经分析，这是因为在水光互补模式下，在第9个小时开始光伏出力上升，为满足水光互补系统电网输送上限约束，不得已降低各电站水电出力；在第18个小时时光伏出力在水光系统出力中比重逐渐降至最低值，水电需增加出力，而因这两类场景中水光总体资源较其他场景充足，故电站B发电负荷曲线波动幅度较大，负荷峰谷差分别在98万kW、153万kW。面对短时间内需求负荷的快速变化，IBBO-DP模型要在满足发电需求的基础上考虑振动区以及其他约束，则不可避免地会迫使机组进行少量次的额外启停，从而尽可能地降低机组振动区的穿越风险。

综上所述，IBBO-DP模型在不同场景下均可更好地完成水电机组负荷分配，优化目标函数，限制机组振动区穿越，更为有效地兼顾负荷分配过程中的经济性与安全性，在水电机组实际运行过程中具有重要研究意义。

7.3 基于改进LSTM与DP-IGSA的水电机组负荷分配

在水轮机选型设计和水电站机组负荷分配过程中，机组水头、流量和出力三个特性参数之间数学关系的准确表达对机组选型和负荷分配有着重要的影响，所以针对水轮机特性曲线精细化拟合方法，本书提出一种基于改进LSTM与DP-IGSA方法的水电机组负荷分配方法。

目前，对水轮机流量特性曲线所建立的拟合或预测模型，大都基于水轮机模型综合特性曲线、飞逸曲线和边界条件，利用模型实验得到的数据建立关系模型，但由于模型的精度、尺寸效应以及水轮机组长期运行产生的磨损、空蚀等因素的影响，根据模型实验数据所建立的模型，并不能随着时间的推移很好地反映水轮机组在各种实际运行工况下的流量特性。同时，现阶段常用的曲线拟合方法，如最小二乘法、多项式拟合等，无法自适应地挖掘大量真机运行历史数据，充分发挥出真机运行数据的价值。

随着计算机和人工智能的发展，涌现出了越来越多的机器学习方法，广泛应用于计算机视觉、自然语言处理、无人驾驶等领域。在此前提下，利用机器学习方法来进行水轮机流量特性曲线拟合和机组负荷分配，可在数据挖掘中体现水位、效率对于机组出力的影响。因此本节采用改进长短期记忆网络拟合流量特性曲线，利用动态规划-万有引力搜索算法求解机组负荷分配，并对机组负荷分配结果进行评价。

7.3.1 基于 DP-IGSA 的水电机组负荷分配

7.3.1.1 目标函数

水电站机组负荷分配的目的就是，在保证水电站稳定、安全运行的前提条件下，结合水轮机组发电运行相关约束，使得水电机组发电总耗水量最小或者总出力最大。针对水电机组发电耗水量和出力均有限的特点，利用 DP-IGSA 方法求解时同时考虑机组发电耗水量最小和出力波动最小两个目标，建立的目标函数如式(7.3.1)至式(7.3.3)所示。

$$F_1 = \min W = \sum_{t=1}^{T}\sum_{i=1}^{n} Q_i^t(H^t, P_i^t)\Delta T u_i^t + u_i^t(1-u_u^{t-1}) Q_{on,i} + (1-u_i^{t-1}) Q_{off,i} \tag{7.3.1}$$

$$F_2 = \min \widetilde{P} = \sum_{t=1}^{T}\left(\sum_{i=1}^{n} P_i^t - N^t\right)^2 \tag{7.3.2}$$

$$\min F = \lambda_1 F_1 + \lambda_2 F_2 \tag{7.3.3}$$

式中：W 为机组运行期内的总耗水量，包括发电耗水量以及开、停机耗水量；T 为运行期内划分的时段数，一般取 96；ΔT 为时段的间隔，15 min；n 为水电站机组台数；$Q_i^t(H^t, P_i^t)$ 为第 i 台机组 t 时段，在水头为 H^t，出力为 P_i^t 时对应的耗水量，可由机组的 NHQ 特性曲线获得；u_i^t 表示机组 i 在 t 时段的启停状态，分别用 0 和 1 表示停机和开机；$Q_{on,i}$ 和$Q_{off,i}$ 分别表示机组 i 由于开机和停机所产生的耗水量；$\widetilde{P}$ 表示机组运行期内总的出力波动值；N^t 表示 t 时段外界负荷；λ_1、λ_2 为权系数，且 $\lambda_1 + \lambda_2 = 1$，用于权衡机组运行经济性和调峰性能，书中设置为 $\lambda_1 = \lambda_2 = 0.5$。

7.3.1.2 约束条件

(1) 最小开停机时间及开停机次数约束

$$u_{i,t} - u_{i,t-1} = a_{i,t} - b_{i,t} \tag{7.3.4}$$

$$a_{i,t} + b_{i,t} \leqslant 1 \tag{7.3.5}$$

$$a_{i,t}+\sum_{\gamma=t+1}^{t+T_{i,\mathrm{on}}-1}b_{\gamma,t}\leqslant 1 \tag{7.3.6}$$

$$b_{i,t}+\sum_{\gamma=t+1}^{t+T_{i,off}-1}a_{\gamma,t}\leqslant 1 \tag{7.3.7}$$

$$\sum_{t=1}^{T}a_{i,t}\leqslant N_{\max}^{run} \tag{7.3.8}$$

式中：$a_{i,t}$ 表示机组 i 在时段 t 的开机操作，即 $u_{i,t}-u_{i,t-1}=1$，则 $a_{i,t}=1$，否则为 0；$b_{i,t}$ 表示机组 i 在 t 时段的停机操作，即 $u_{i,t-1}-u_{i,t}=1$，则 $b_{i,t}=1$；$T_{i,\mathrm{on}}$、$T_{i,\mathrm{off}}$ 分别表示机组最小的开停机持续时间；$N_{\max}^{run}$ 表示机组日内最大启停次数。

结合 IGSA 和 DP 算法，得到的计算流程图如图 7.3.1 所示。

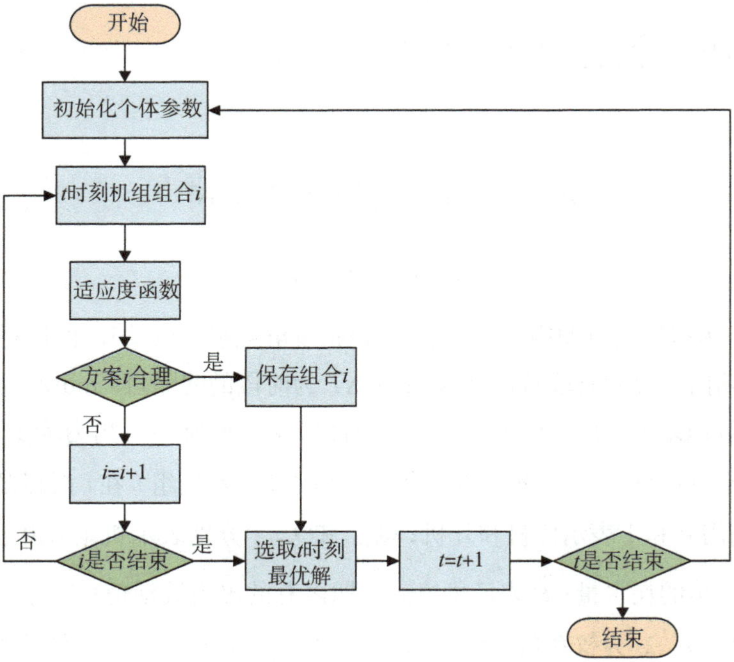

图 7.3.1　DP-IGSA 计算流程图

（2）机组出力限制

$$\underline{P}_i\leqslant P_{i,t}\leqslant \overline{P}_i \tag{7.3.9}$$

式中：$\overline{P}_i$ 表示机组 i 的最大出力；$\underline{P}_i$ 表示机组 i 的最小出力。

(3) 机组运行水头限制

$$H_{\min,i} \leqslant H_{i,t} \leqslant H_{\max,i} \tag{7.3.10}$$

式中：$H_{\min,i}$、$H_{\max,i}$ 分别为机组 i 的最小和最大运行水头。

(4) 振动区处理

$$Q_i^t = Q_{i,fd}^t + \Delta Q, \qquad Q_{i,fd}^t(H_i^t, P_i^t) \in \widetilde{Q}(\widetilde{H}_i^t, \widetilde{P}_i^t) \tag{7.3.11}$$

式中：$Q_{i,fd}^t$ 为第 i 台机组 t 时刻发电所需耗水量；ΔQ 为一个较大的数值，当机组运行在振动区 $\widetilde{Q}$ 时，则机组的发电流量会加上 ΔQ 作为惩罚。

7.3.2　基于改进 LSTM 的水轮机流量特性曲线拟合

7.3.2.1　长短期记忆神经网络

长短期记忆神经网络(Long Short-Term Memory)是为了解决用梯度下降方法训练循环神经网络(Recurrent Neural Network，RNN)时，梯度在沿着序列反向传播过程中可能会迅速消失的现象提出的改进模型。

RNN 广泛应用于序列数据分析与处理中，RNN 的神经元在某一时刻的输出量能再次作为输入量，输入到神经元内，这种单链串联式的结构能够有效地存储数据之间的联系，在时间序列数据的分析处理中有明显的优势。展开后的 RNN 网络结构，有许多相同的结构，且其中神经元参数是共享的；另外，这种参数共享的特点使得网络可延伸到维度不同的数据上，因此 RNN 的输入长度是可以不相同的。

RNN 的基本结构如图 7.3.2 所示，在 t 时刻隐藏层单元输入两方面的数据，一个是网络前一时刻隐藏单元的值 h_{t-1}，另一个是此刻的输入值 x_t，且通过隐藏单元计算得到此刻输出。$t-1$ 时刻的输入 x_{t-1} 可在后续时刻通过循环单元来影响 t 时刻的输出。RNN 以时间序列展开前向传播，然后利用反向传播算法(Back Propagation Through Time, BPTT)对网络节点参数进行更迭，也是当前 RNN 使用最多的训练方法。

RNN 的前向传播可表示如下：

$$\begin{cases} h_t = \sigma(W_{xh} + x_t + W_{hh}\, h_{t-1} + b_h) \\ o_{t+1} = W_{hy} + h_t + b_y \\ y_t = softmax(o_t) \end{cases} \tag{7.3.12}$$

式中：W_{xh} 为输入层与隐藏层之间的权重矩阵；W_{hh} 为隐藏层神经元之间的权重矩阵；W_{hy} 表示隐藏层到输出层的权重矩阵；b_y 和 b_h 均为偏置向量；$softmax$ 为归一化指数函数。

h_t 的计算需要前一时刻的 h_{t-1}，而 h_{t-1} 的计算又需要 h_{t-2}，以此类推，RNN 中任一中间时刻的输出都与过去时刻的值有关联。RNN 可将输入的时间序列数据经过计算后再次得到同类型的输出，且能根据不同的目标任务，改变输出序列的长度，满足任务需求。

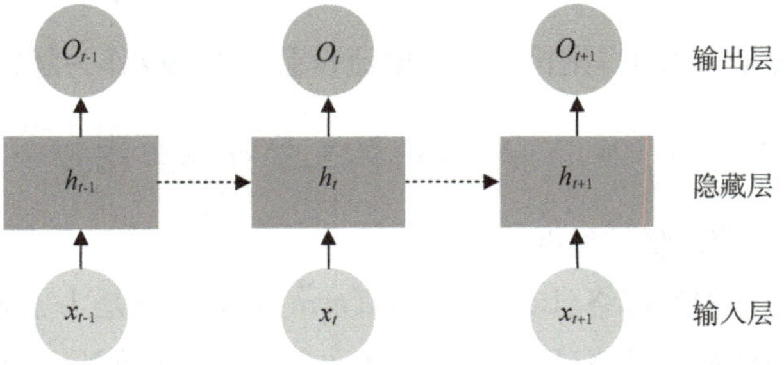

图 7.3.2　RNN 结构图

在实际应用中，RNN 常常面临训练方面的难题，特别是随着网络层数的不断加深，使得 RNN 并不能很好地处理较长距离的神经单元之间的依赖。矩阵的乘积计算复杂度常会呈现指数般的提升或降低，造成 RNN 网络处理时序数据能力的弱化。

(1) 网络结构

LSTM 的实现方式与 RNN 大体相同，主要的区别在于 LSTM 增加了一个实现前后信息高效存储和更新的内部单元结构。由于其出色的特性，LSTM 已经被广泛应用于大量的和序列学习相关的任务中，如语音识别、语言模型、词性标注、机器翻译、短期负荷预测等。

如图 7.3.3 所示，LSTM 单元中有输入门、遗忘门和输出门三种门控。可将门控简单地看为单层全连接层，LSTM 网络通过对这些门控的操作来实现对信息的存储和更新。门控的激活函数一般选择广泛应用的 Sigmoid 函数，其自身并不包含其他多余信息。门控单元可写为：

$$g(x) = \sigma(Wx + b) \tag{7.3.13}$$

$$\sigma(x) = \frac{1}{1 + \exp(-x)} \tag{7.3.14}$$

式中：$\sigma(x)$ 称为 Sigmoid 函数，其值域介于(0,1)之间，能清楚地表示信息的流动程度。当门的输出值为 0 时，门关闭，表示没有信息通过；当值为 1 时，门全开，则表示所有信息均可通过。

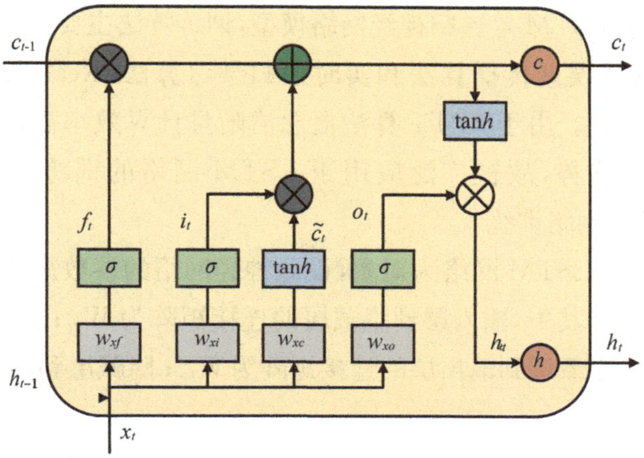

图 7.3.3　LSTM 单元结构

输入、遗忘和输出门分别用 i、f 和 o 代替，$\otimes$ 表示矩阵之间的点乘运算，W 和 b 分别表示网络的权重的偏置。

LSTM 网络的前向传播过程可总结为：在 t 时刻，LSTM 网络隐藏层的输入为 x_t，输出为 h_t，记忆单元为 c_t。输入门用于控制网络当前时刻输入数据 x_t 流入记忆单元的多少，即保存到 c_t 中的量，其值为：

$$i_t = \sigma(W_{xi}x_t + W_{hi}h_{t-1} + b_i) \tag{7.3.15}$$

遗忘门是 LSTM 单元的关键组成部分，其作用是决定保留或者遗忘的信息，并以一定的方式规避梯度反向传播时，发生梯度消失或爆炸的现象。遗忘门可以选定需擦除的信息，即决定前一时刻记忆元 c_{t-1} 中的信息对当前时刻记忆元 c_t 中信息影响的大小。

$$f_t = \sigma(W_{xf}x_t + W_{hf}h_{t-1} + b_f) \tag{7.3.16}$$

$$c_t = f_t \odot c_{t-1} + i_t \odot \tanh(W_{xc} + W_{hc}h_{t-1} + b_c) \tag{7.3.17}$$

输出门决定记忆单元 c_t 对当前时刻输出值 h_t 作用的大小，即记忆单元在 t 时刻的输出值。输出门的值如式(7.3.18)所示，LSTM 单元在 t 时刻的输出 h_t 可通过式(7.3.19)得到。

$$o_t = \sigma(W_{xo} x_t + W_{ho} h_{t-1} + b_o) \tag{7.3.18}$$

$$h_t = o_t \odot \tanh(c_t) \tag{7.3.19}$$

(2) 训练算法

目前，对于 LSTM 等递归神经网络模型，训练算法主要有两种，分别是按时间展开的反向误差传播算法和实时递归学习算法(Real Time Recurrent Learning，RTRL)。由于 BPTT 算法概念清晰且计算效率高，在计算时间上比 RTRL 更具优势，故被广泛应用于 LSTM 网络的训练中，本节也采用 BPTT 算法进行网络训练。

以单隐藏层 LSTM 网络为对象，设此神经网络的参数矩阵为 $\theta = \{W_{ih}, W_{hh}, W_{ho}, b_h, b_o\}$，其中，输入层到隐藏层的连接矩阵为 W_{ih}；隐藏层内部的连接矩阵为 W_{hh}；隐藏层到输出层的连接矩阵为 W_{ho}；隐藏层和输出层的偏置向量分别为 b_h 和 b_o。

给定的 t 时刻输入序列 $x = (x_1, x_2, \cdots, x_T)$ 及其对应的标签值 r，第 $n+1$ 次迭代处理训练样本 x 的损失函数为 $E(\theta, x, r)$，则 t 时刻隐藏层的误差信号为：

$$e_t^* = \left.\frac{\partial E(\theta, x, r)}{\partial Z_t^*}\right|_{\theta=\theta(n)} \tag{7.3.20}$$

式中：$* \in \{h, i, f, o\}$，一般采用双曲正切函数；Z_t 为记忆元的输入。

同时，另外两个误差信号为：

$$\varepsilon_h^c = \left.\frac{\partial E(\theta, x, r)}{\partial h_t}\right|_{\theta=\theta(n)} \tag{7.3.21}$$

$$\varepsilon_t^c = \left.\frac{\partial E(\theta, x, r)}{\partial c_t}\right|_{\theta=\theta(n)} \tag{7.3.22}$$

式中：h_t 为隐藏层 t 时刻的输出值；c_t 为 t 时刻记忆元状态的更新值。

根据 BPTT 和 LSTM 前向传播算法，ε_t^h 接收的误差信号分别来自当前时刻、下一时刻三个门控元和记忆元的输入，由链式法则得到：

$$\varepsilon_t^h = W_{ho}^T \cdot e_t^o + \sum_{* \in \{h, i_g, f_g, o_g\}} W_h^T \cdot e_{t+1}^* \tag{7.3.23}$$

ε_t^h 到达 LSTM 内部后，开始进行反方向传播，可计算出：

$$e_t^{og} = h(c_t) \odot \varepsilon_t^h \odot \sigma'(z_t^{og}) \tag{7.3.24}$$

随后抵达记忆单元，根据当前时刻记忆元的关联状态和作用对象，有

$$\varepsilon_t^c = p_{og} \odot e_t^{og} + o^t \odot h'(c_t) \odot \varepsilon_t^h + f_{t+1} \odot \varepsilon_{t+1}^c + p_{ig} \odot e_{t+1}^{ig} + p_{fg} \odot e_{t+1}^{fg} \qquad (7.3.25)$$

式中：p_{ig}、p_{fg}、p_{og} 分别为记忆元到输入、遗忘和输出门的窥探孔连接层的权值。从式(7.3.25)可看出，ε_{t+1}^c 以比例 f_{t+1} 传播到了 t 时刻。随后，误差信号来自遗忘门、输入门和 LSTM 网络输入。

$$\begin{cases} e_t^{fg} = c_{t-1} \odot \varepsilon_t^c \odot \sigma'(z_t^{fg}) \\ e_t^{ig} = g(z_t^h) \odot \varepsilon_t^c \odot \sigma'(z_t^{ig}) \\ e_t^h = i_t \odot \varepsilon_t^c \odot g'(z_t^h) \end{cases} \qquad (7.3.26)$$

基于式(7.3.26)的结果，可以求出相关参数的梯度：

$$\left.\frac{\partial E(\theta,x,r)}{\partial W_{i^*}}\right|_{\theta=\theta(n)} = \sum_{t=1}^{T} e_t^* \cdot x_t^T,\ * \in \{h, i_g, f_g, o_g\} \qquad (7.3.27)$$

$$\left.\frac{\partial E(\theta,x,r)}{\partial W_{h^*}}\right|_{\theta=\theta(n)} = \sum_{t=2}^{T} e_t^* \cdot h_{t-1}^T,\ * \in \{h, i_g, f_g, o_g\} \qquad (7.3.28)$$

$$\left.\frac{\partial E(\theta,x,r)}{\partial b^*}\right|_{\theta=\theta(n)} = \sum_{t=1}^{T} e_t^*,\ * \in \{h, i_g, f_g, o_g\} \qquad (7.3.29)$$

$$\left.\frac{\partial E(\theta,x,r)}{\partial p^*}\right|_{\theta=\theta(n)} = \sum_{t=2}^{T} e_t^* \odot c_{t-1},\ * \in \{i_g, f_g\} \qquad (7.3.30)$$

$$\left.\frac{\partial E(\theta,x,r)}{\partial p_{og}}\right|_{\theta=\theta(n)} = \sum_{t=1}^{T} e_t^* \odot c_t \qquad (7.3.31)$$

由此，便可以使用随机梯度下降法更新网络各单元参数。

(3) Dropout 技术

Nitish 等提出了 Dropout 技术来解决深层神经网络模型训练过程中的过拟合问题。Dropout 技术如图 7.3.4 所示。

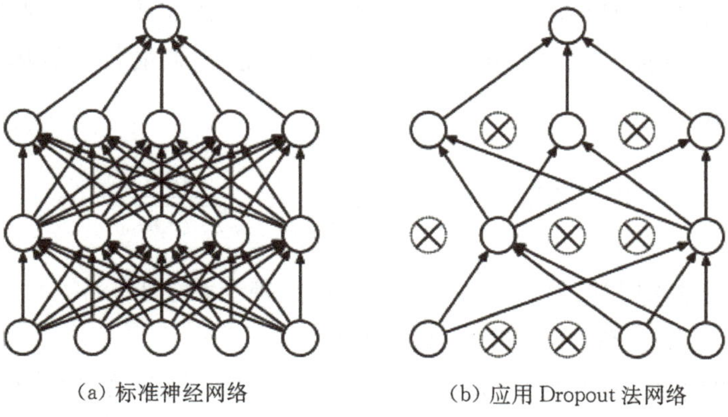

(a) 标准神经网络　　(b) 应用 Dropout 法网络

图 7.3.4　Dropout 神经网络模型

图 7.3.4 中，(a)为包含两个隐藏层的传统标准神经网络，(b)为左边的神经网络应用 Dropout 之后产生的神经网络。

利用 Dropout 方法训练网络模型的时候，随机让一定比例（比例 p 一般为 0.5）的隐藏层节点不参与训练，输出为 0，如图 7.3.4 中(b)图所示，这些不参与训练的节点对应的权值则在此次训练中不会更新。但这个过程不会影响网络模型的正常使用，使用时所有节点均会被用到，如图 7.3.4 中(a)图所示。对于多种的实现方式，其过程中随机“淘汰”部分节点的频率也不一样，有可能每次训练对应每个样本都会进行筛选，也有可能只在一批训练样本中筛选一次。

Hintion 认为没有使用 Dropout 训练的网络，其多个隐含节点之间可能会有共同作用，这种联合作用会降低模型的泛化能力，使网络模型在测试集上的表现下降。而经过 Dropout 技术处理之后，由于在每次训练进行权值更新的时候，隐含节点都是以一定比例出现的，不能保证任意多个隐含节点同时出现，故权值更新就与其他节点权值的更新状态相关性不大，打破了某些特征之间的耦合关系。

(4) Xavier 权值初始化

为了解决深层神经网络模型不能快速、高效地进行训练的问题，Glorot Xavier 等提出了一种有效的网络参数初始化方法。为使得深度网络中的信息更好地流动，模型的初始权值不能过小，否则信息会在网络层与层之间的传递过程中造成一定的损失；同时也不能过大，否则会因为信息量太大失去意义。因此，每一层输出的方差应尽量相等。

因此，Glorot 提出了一种新的参数初始化方法(Xavier algorithm)。它根据每一层的输入输出节点数和激活函数类型来确定当前层参数初始值，当激活函数为 S 形曲线时，利用 Xavier 初始化方法效果最好。具体可由公式(7.3.32)表示。

$$W \sim Uniform\left(-\frac{\sqrt{6}}{\sqrt{n_j + n_{j+1}}}, \frac{\sqrt{6}}{\sqrt{n_j + n_{j+1}}}\right) \tag{7.3.32}$$

式中：n_j 为输入层神经元大小；n_{j+1} 为输出层神经元大小。

7.3.2.2 基于 IPSO 的改进 LSTM 网络

神经网络的隐藏层神经元个数及层数直接决定模型的拟合能力，学习率和迭代次数影响模型的训练过程和效果。为了解决网络模型隐藏层神经元个数和学习率及迭代次数难以确定的问题，本节采用改进的粒子群算法（Improved Particle Swarm Optimization，IPSO）对所建立神经网络模型的超参数进行寻优，来确定网络模型最优的参数设置。

改进粒子群算法的具体介绍已在 6.1.2.2 节中叙述，不再赘述，在此，为了体现 IPSO 算法改进前后的变化，利用式测试函数对其进行测试。

$$fitness = \mathrm{e}^{[\cos(2\pi \cdot x_1)+\cos(2\pi \cdot x_2)]/2} - 3 \tag{7.3.33}$$

$$fitness = \frac{\sin(\sqrt{x_1^2 + x_2^2})}{\sqrt{x_1^2 + x_2^2}} + \mathrm{e}^{[\cos(2\pi \cdot x_1)+\cos(2\pi \cdot x_2)]/2} - 3 \tag{7.3.34}$$

当 $x_1 = x_2 = 0$ 时，利用式(7.3.33)计算适应度值；当 x_1、x_2 均不为 0 时，利用式(7.3.34)计算适应度值。IPSO 和 PSO 相关参数设置为：最大迭代次数为 300，$c_1 = 0.5$，$c_2 = 1.5$，种群个数为 50，搜索维度 d 为 2，$w_{max} = 0.9$，$w_{min} = 0.1$，PSO 的权重 w 为 0.6，粒子在各维度上的速度限制区间为[−0.5，0.5]。经过多次计算后取均值，最终结果如图 7.3.5 所示。

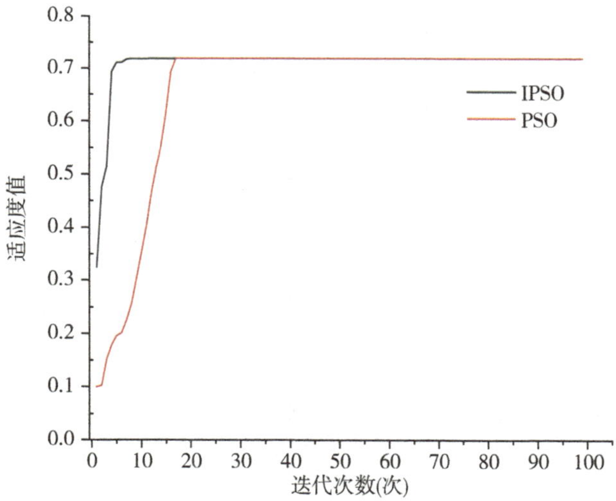

图 7.3.5　IPSO 测试

从图 7.3.5 中明显地可以看出，IPSO 在 10 步左右能达到最优值，而 PSO 在 20 步左右后才能达到最优值，寻优速度得到了明显的提升。

针对所建立的网络模型中的关键参数，如第一、第二隐藏层神经元个数(h_1、h_2)、模型学习率(ε)以及训练次数(ep)，设定粒子的搜索解空间维度为

4 维。第 i 个粒子的适应度值计算方法如式(7.3.35)所示。

$$fit_i = \frac{1}{n}\sum_{j=1}^{n}(\hat{y}_t^j - y_t^j)^2 \tag{7.3.35}$$

式中：fit_i 表示第 i 个粒子的适应度值；n 为测试集样本数；$\hat{y}_t^j$ 和 y_t^j 分别表示网络参数为粒子 i 对应模型的第 j 个样本的预测值和标签值，预测值根据粒子携带的参数信息训练网络模型后，计算得到。

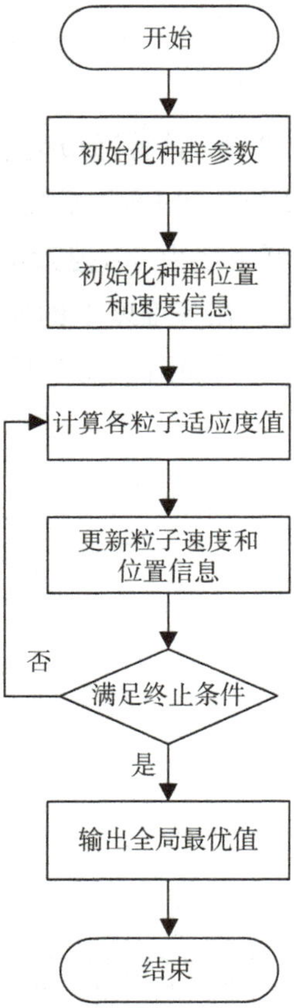

图 7.3.6　IPSO 优化网络参数流程图

如图 7.3.6 所示，IPSO 优化神经网络参数的计算步骤如下：

(1) 初始化各个体自身参数。确定种群规模、迭代次数、学习因子及粒子速度和位置取值的区间范围。

(2) 初始化粒子的位置和速度信息。随机生成一定数量的种群粒子 $X_{i,0}(h_1, h_2, \varepsilon, ep)$，$i = 1, 2, \cdots, n$，粒子各维度上的值都在限定区间内。

（3）根据建立的目标函数式，计算每个粒子 X_i 对应的适应度值，确定初始种群的全局极值和个体极值，并将每个粒子的最好位置作为其历史最佳值。

（4）每次迭代中，更新粒子的速度和位置信息，计算更新后新种群各粒子的适应度值，确定当前种群的个体极值和全局极值。

（5）重复步骤（3）～（4）直至满足最大迭代次数或精度，输出最优网络参数，训练网络模型。

7.3.2.3　水轮机流量特性曲线拟合模型

深度学习框架选择基于 TensorFlow 的 Keras 开源框架。TensorFlow 是由 Google Brain 的研究人员基于 DistBelief 进行全面改进，开发出的分布式机器学习框架。该框架对深度学习的各种算法都进行了较好的模块化集成，被大规模应用于语音识别、图像识别、自然语言处理等众多机器学习领域。Keras 是基于 TensorFlow 和 Theano（由加拿大蒙特利尔大学开发的机器学习框架）的深度学习库，是由 Python 语言编写的高层神经网络 API。Keras 默认的后端为 TensorFlow。

为了能够更好地发掘水轮机各特征参数之间的隐藏关系，我们利用深层的神经网络模型进行数据的特征提取。所建立的深层神经网络结构如图 7.3.7所示，总体结构可分为输入层、隐藏层和输出层三大部分。由于输入数据具有水头和出力两个特征，所以网络的输入层设置为 2 维的全连接层（Full Connection，FC）；隐藏层共设有两层 LSTM 层，每层 LSTM 层内部又有多个

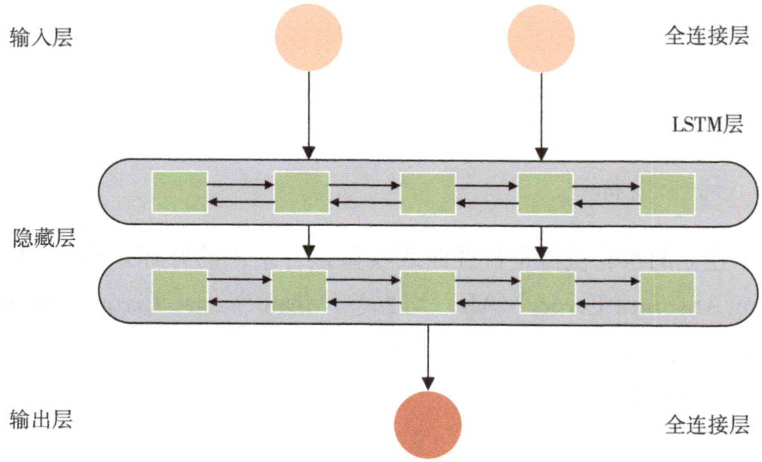

图 7.3.7　神经网络结构图

记忆单元；输出数据为流量，故输出层设置为1维的全连接层。除了LSTM层内神经元之间有数据交流以外，其余各层神经元之间相互独立，只有层与层之间有信息交流。

本节所建立的深度学习网络模型如图7.3.8所示。长度为T的训练集数据$X_i(H_i, P_i)$，经过归一化处理之后，输入到隐藏层；为了防止模型过拟合，在每层LSTM层后都加一个Dropout层；然后经过反归一化从输出层输出，得到模型的预测值Y。

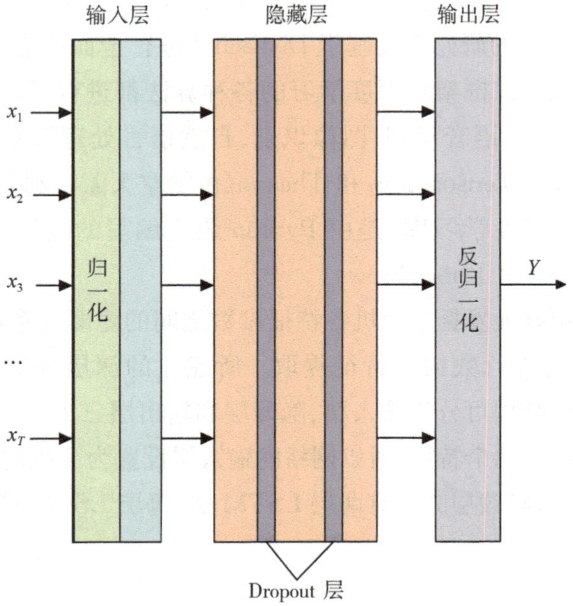

图7.3.8　深度学习网络模型

7.3.3　评价指标

对于建立的水轮机流量特性曲线模型拟合结果的好坏，引入平均绝对误差(Mean Absolute Error，MAE)、均方差(Mean Square Error，MSE)和均方根差(Root Mean Square Error，RMSE)对其进行评估。

均方差的计算方法为：

$$MSE = \frac{1}{n}\sum_{i=1}^{n}(\hat{y}_i - y_i)^2 \tag{7.3.36}$$

平均绝对误差的计算方法为：

$$MAE = \frac{1}{n}\sum_{i=1}^{n} | \hat{y}_i - y_i | \tag{7.3.37}$$

式中：样本数为 n，$\hat{y}_i$、y_i 分别表示第 i 个样本模型的预测值和标签值。

为了更好地说明在不同光伏出力场景下水电机组的运行情况，本节从技术和经济角度提出总耗水量、非经济运行区比例、启停次数和出力波动4个评价指标，评估不同场景下光伏出力对于机组安全稳定运行的影响和水能利用情况。

(1) 总耗水量

机组的总耗水量包括机组当前时段的发电流量以及由于机组启停机所消耗的流量。总耗水量能够反映出当前机组运行工况下，对水电站水库水能的利用情况。

(2) 非经济运行区比例

指机组在振动区的运行时间和机组总运行时间的比值，计算方式如下：

$$\widetilde{T} = \frac{1}{T}\sum_{t=1}^{T'} T_t \tag{7.3.38}$$

式中：$\widetilde{T}$ 表示机组的非经济运行区比例；T' 表示非经济运行时段数；T_t 表示机组在第 t 个非经济运行时段的运行时长。

(3) 启停次数

对单台机组而言，在整个调度过程中不考虑此机组最开始的开机动作与最末尾的停机动作，若当中存在额外的开停机操作，则其为机组启停数。当存在一次额外的开停机操作，机组启停数增加两次。

(4) 机组出力波动率

针对机组出力过程中的负荷变化的非稳定性、波动性，借助定性分析指标评判整体变化曲线的平稳程度。对调度周期中的每台机组出力曲线出力波动率的计算，借鉴统计分析方法，进行出力波动率指标的整体评估。

如式(7.3.39)所示，机组出力波动率以短期调度中波动出力的平均值与出力总和之比作为表征波动趋势的指标。

$$\sigma_i = \frac{\sum_{t=1}^{T} | P_{i,t} - \overline{P_t} |}{T\sum_{t=1}^{T} P_{i,t}} \times 100\% \tag{7.3.39}$$

式中：σ_i 表示第 i 台机组的出力波动率；$\overline{P_t}$ 表示 t 时段内 6 台机组的平均出力。

7.3.4 实例分析

本节以 6.2.3 节梯级水电站的龙头水电站为研究对象，针对该水电站内机组的流量特性曲线进行拟合。收集的数据包括机组模型实验得到的数据和机组实际运行中采集的数据，其中模型实验为全水头的效率实验，根据当前的机组水头和效率，可计算得到机组的耗水量；真机数据采集机组运行时的水头、流量及出力，为时间序列数据。

7.3.4.1 水轮机流量特性曲线拟合

机组的模型实验数据和真机运行部分数据如图 7.3.9 所示，可以清楚地看出，真机运行数据分布较为集中，符合机组多在经济区运行的实际情况；模型数据为全水头工况数据，较为全面。利用模型数据的全面性和真机数据的具体性，组合成网络模型的训练数据集，既有效地考虑了机组的全水头运行工况，又较全面地结合了机组在实际运行过程中的高效运行区，避免了利用单一数据源进行训练网络的预测准确度和精度问题。

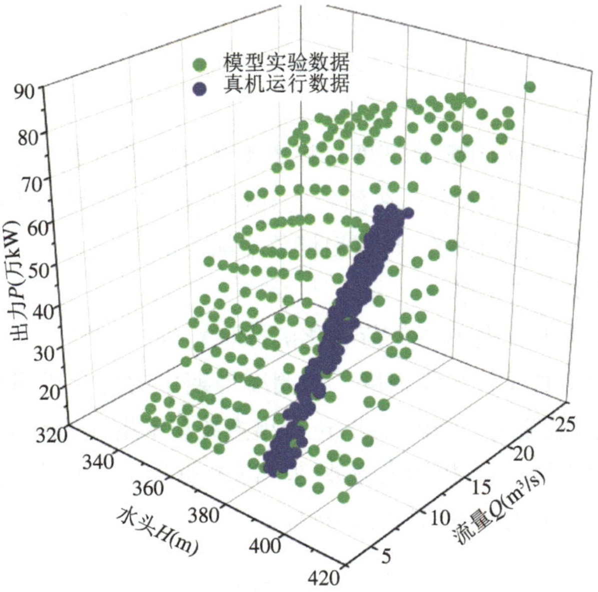

图 7.3.9 水轮机模型实验和真机运行数据

对于收集到的数据 $X=(x_1,x_2,\cdots,x_i,\cdots,x_I)$ 进行预处理。不一样的特征信息一般具有不同的量纲，这种情况会对数据分析的结果产生较大的影响，为了避免各参数之间量纲的影响，就要对各类数据进行归一化处理，从而使各数据指标之间具有可比性。本次选用 min-max 归一化方法，其公式如式(7.3.40)、式(7.3.41)所示。

$$x_{norm,i}=\frac{x_i-X_{\min}}{X_{\max}-X_{\min}} \tag{7.3.40}$$

$$\hat{X}=(x_{norm,1},x_{norm,2},\cdots,x_{norm,I}) \tag{7.3.41}$$

式中：x_i 表示第 i 个样本数据；$X_{\min}$、$X_{\max}$ 分别表示数据集 X 在各维度上的最小值和最大值；$x_{norm,i}$ 表示归一化后的第 i 个样本；$\hat{X}$ 表示归一化后的数据集矩阵。

完成归一化后，将数据集划分为训练集、验证集和测试集，总数据量为 3 000个，其中训练集占总数量的 90%，测试集占 10%，验证集占训练集的 20%。然后根据划分好的数据集对建立的网络模型超参数进行优化。

(1) 模型参数寻优

首先验证选用双层网络的必要性。分别建立单层和双层 LSTM 网络模型，利用处理好的数据进行验证。两个模型网络参数设置如下：输入维度 2 维，输出维度 1 维；隐藏层神经元个数 5 个；最大训练次数 500 次；学习率 0.01；激活函数为 Sigmoid 函数。

单层和双层网络预测结果如表 7.3.1 所示。从表中可看出，在相同网络超参数的条件下，多次计算深层网络预测结果的 MAE、MSE 均明显小于浅层网络，均减小了约 46%，预测结果的准确性和稳定性明显提高。

表 7.3.1　深、浅层网络预测精度对比

	MAE	MSE	RMSE
单层网络	0.590 28	0.000 41	0.063 73
双层网络	1.094 40	0.000 76	0.027 52

根据上述试验结果，利用深层网络对数据特征提取的优势，构建水轮机特性曲线拟合的深层神经网络模型，并对网络模型的超参数进行寻优选择。优化参数设置：输入层神经元个数为 2 个，输出层神经元为 1 个，采用 Adam 算法训练 LSTM 单元的内部参数，初始化方法为 Xavier；改进粒子群算法的参数设置为：种群数量为 5 个，进化次数为 20 次，粒子的学习因子取 $c_1=c_2$

=2，任一粒子 $X_{i,0}(n_1,n_2,\varepsilon,h)$ 中各维度参数的取值范围依次为[1,100]，[1,100]，[0.000 1,0.01]和[300,600]，粒子的速度取值范围为[−5,5]，[−5,5]，[−0.000 5,0.000 5]和[−10,10]。IPSO 中 $w_{max}=0.9$，$w_{min}=0.1$；PSO 中，$w=0.5$。

应用基于 PSO 和 IPSO 两种方法优化水轮机特性曲线拟合模型参数，目标函数适应变值的变化曲线如图 7.3.10 所示。该结果为通过 10 次计算，取均值得到。利用 IPSO 方法再对各隐藏层神经元个数、网络学习率和训练次数进行寻优计算，算法设置同之前的参数设置。

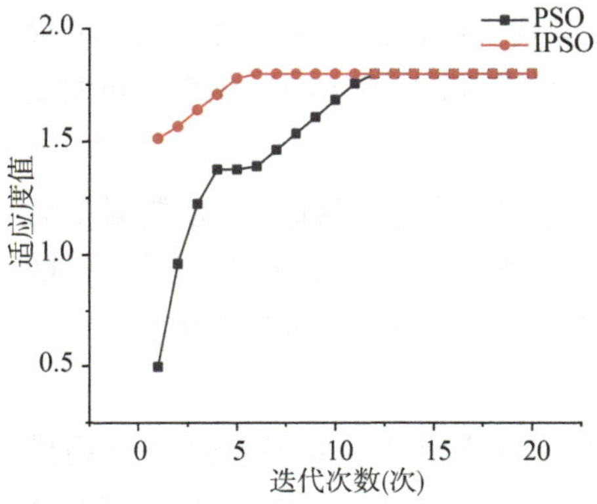

图 7.3.10　目标函数适应度变化

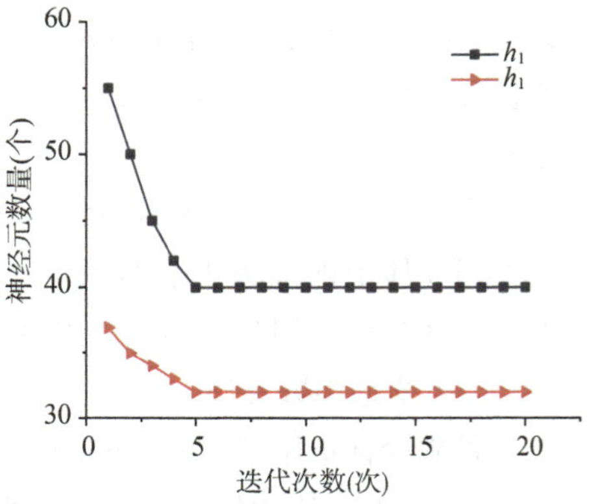

图 7.3.11　神经元数量变化

LSTM 网络模型各隐藏层神经元个数的变化如图 7.3.11 所示。从图中可以看到，第一层隐藏层神经元数量 h_1 最终稳定在 40 个，第二层隐藏层神经元数量 h_2 最终稳定在 32 个。

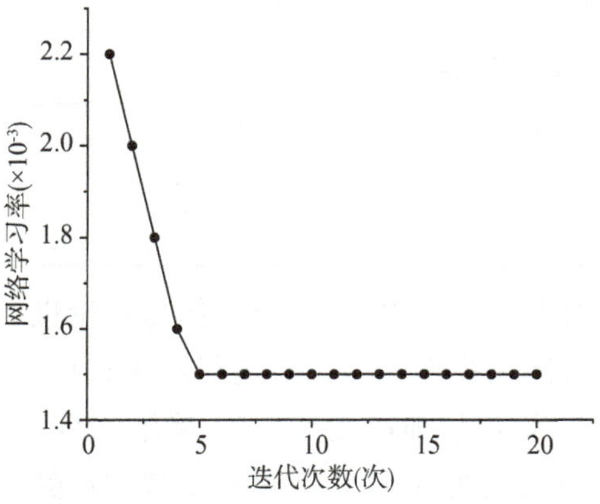

图 7.3.12　网络学习率变化

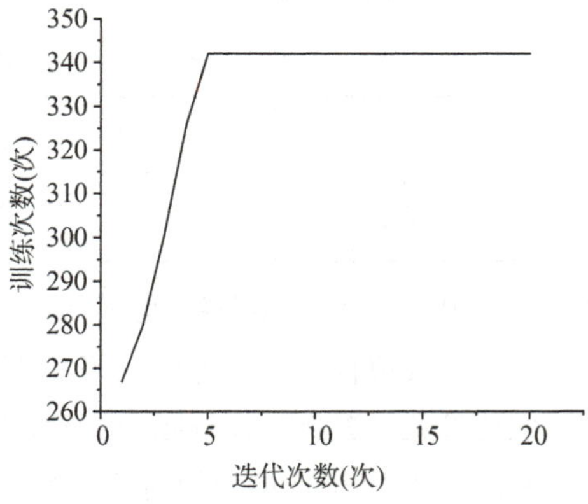

图 7.3.13　网络训练次数变化

图 7.3.12 显示了网络学习率 ε 随迭代次数的变化，其值最终稳定在 0.001 5。图 7.3.13 反映了 LSTM 网络的训练次数随 IPSO 迭代次数 ep 的变化过程，最终值稳定在 342。根据超参数寻优的结果，即 $h_1 = 40$，$h_2 = 32$，$\varepsilon = 0.0015$，$ep = 342$，确定好网络结构之后，利用 LSTM 网络对划分后的训练集数据进行训练。

(2) 模型训练与预测

为了加快网络训练的速度，提高效率，本节进行神经网络训练的软件环境为：编程语言为 Python，编程平台为 PyCharm 2021.2，TensorFlow 及 Tensorflow-gpu 库的版本为 2.4.0，使用 TensorFlow 框架的 Keras 库进行模型搭建；硬件环境为：GPU 型号为 NNIDIA GeForce RTX 3 070，CPU 型号为 Intel(R) Core(TM) i7-7800X CPU。

文中所建立的网络结构以及各层网络的输出维度如表 7.3.2 所示，网络共有 4 层，为了防止模型产生过拟合的现象，在两层 LSTM 网络层之间分别利用 Dropout 方法进行处理，比例设置为 0.2。

表 7.3.2　网络结构

网络层(类型)	输出维度
dense1(FC)	2
lstm1(LSTM)	h_1
dropout1(Dropout)	h_1
lstm2(LSTM)	h_2
dropout2(Dropout)	h_2
dense2(FC)	1

在进行训练时，训练参数的设置为 epochs＝epoch，bath_size＝32，learning_rate＝ ε，优化算法选择 Adam 算法，损失值选择 MSE 进行衡量。训练次数达到最大次数后停止训练，用训练后的模型对测试集数据进行预测，预测结果的部分结果如图 7.3.14 所示，并将其结果与支持向量机(Support Vector Machine，SVM)和极限学习机(Extreme Learning Machine，ELM)两种方法进行比较。

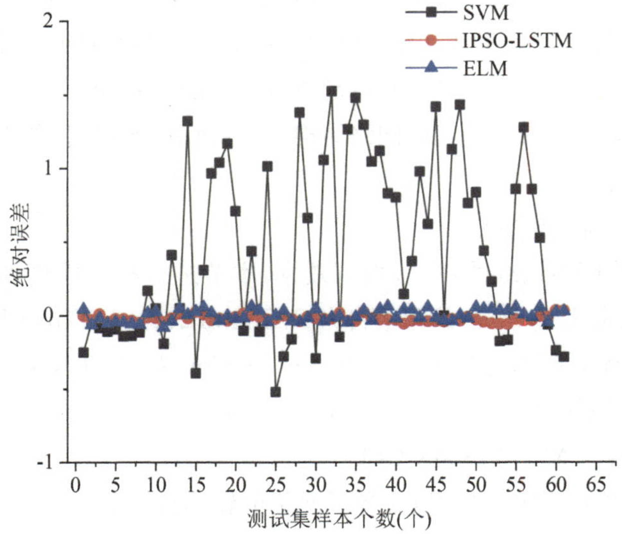

图 7.3.14　IPSO-LSTM 网络预测结果

为了便于比较，利用 MSE、MAE 和 RMSE 这三种评价指标对预测结果进行评价，如表 7.3.3 所示。

表 7.3.3　预测结果对比

方法	指标		
	MSE	MAE	RMSE
SVM	0.571 00	0.591 6	0.755 6
ELM	0.001 60	0.034 7	0.040 0
IPSO-LSTM	0.000 86	0.025 9	0.029 3

从表 7.3.3 中可以看出，SVM 方法相较于其他两种方法来说，预测结果误差较大；IPSO-LSTM 方法的预测精度较 ELM 而言，MSE 降低了约 46%，MAE 减小了约 25%，RMSE 降低了约 27%。

IPSO-LSTM 模型最终的输出结果如图 7.3.15 所示。XOY 平面横坐标为水头 H，纵坐标为出力 P，Z 方向代表机组的流量 Q，也是网络模型的输出值。图中蓝色的点表示预测值，红色的圆圈表示测试集的标签值。

7.3.4.2　机组负荷分配

本节以某梯级流域的龙头水电站厂内经济运行为例进行分析。该水电站共有 6 台机组，机组额定出力 442 MW，额定水头 246 m，最大水头 282.6 m，额

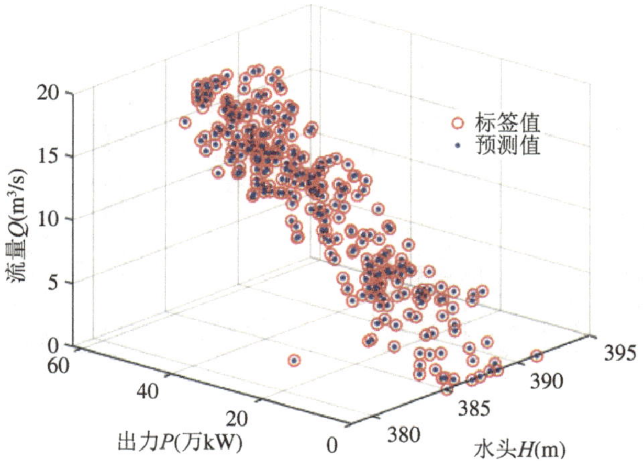

图 7.3.15　IPSO-LSTM 拟合水轮机特性曲线

定流量 194.8 m^3/s，最高效率 96.29%。DP-IGSA 算法的设置为：以时间 t 为阶段变量，共设置 24 个阶段；以机组组合为状态变量；每个阶段做出决策时，利用 IGSA 方法进行决策；搜索维度 6 维；位置限制为 $X_{max} = [44.2, 44.2, 44.2, 44.2, 44.2, 44.2]$，$X_{min} = 0$；最大迭代次数为 220；学习因子 $c_1 = 0.85$，$c_2 = 0.95$；最短运行时间 2 h，最短停机时间 2 h；计算时段间隔 $\Delta T = 1$ h；振动区流量惩罚因子 $\Delta Q = 10\,000$ m^3/s。为了确保计算结果的稳定性，利用 IGSA 进行 5 次计算后，取结果的均值。以龙头水电站 6 月份和 9 月份在三种场景下的负荷分配结果为例进行说明。

如图 7.3.16 所示为龙头水电站 6 月份在光伏晴天、阴天、雨天（图片顺序依次）三种场景下的负荷分配结果。在晴天时，光伏在出力阶段稳定出力，电站各机组所承担的负荷部分由光伏分担，电站总出力相应减小；在阴天和雨天时，由于光伏出力的波动性和随机性，机组在补偿光伏时也会相应地呈现出一定的波动周期。

图 7.3.17 所示为各机组各时段内的运行效率变化。从图中可以看出，在机组运行的时段内，其运行效率均高于 0.9，说明各机组在当前工况下能够高效稳定地运行，同时完成阶段内调峰的任务。在雨天场景下，机组的停机时段数相对较多，这可能是由于该场景下，外界负荷较小。在晴天场景下，机组在高效率区运行的时段数占总运行时段数的比例相对阴天场景来说较低，因为在阴天场景下，光伏出力减小，不确定性增大，此时水电机组就需要快速地增加出力，或者迅速地改变机组组合来弥补光伏出力波动性产生的出力波

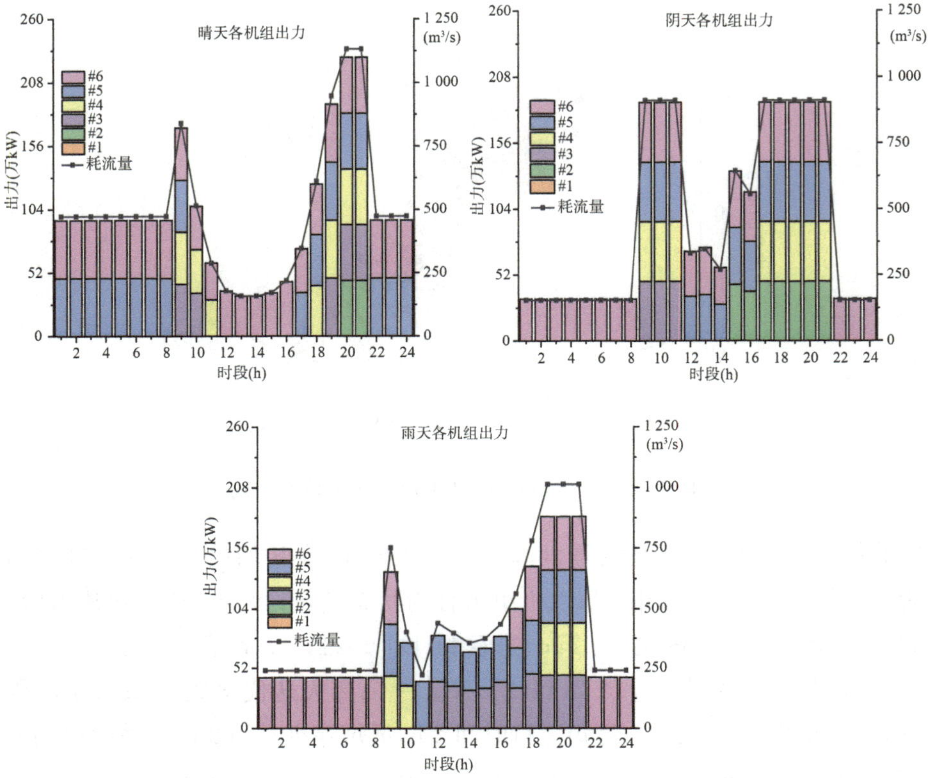

图 7.3.16　6 月份各场景厂内机组负荷分配结果

动，所以机组的总运行时段相对来说较长。

如图 7.3.18 所示为龙头水电站 9 月份在光伏晴天、阴天、雨天（图片顺序依次）三种场景下的负荷分配结果。9 月份进入流域的汛期，各梯级区间内径流量增大，电站水库水位增加，总出力相较于 6 月份来说增加比较明显；在光伏出力波动较大时，水电机组能够在时段内迅速调整自身出力，机组出力能够在短时间内快速增加到预想出力，减小水光系统出力的波动；在雨天时，由于温度、光照强度等因素的影响，光伏出力较小，此时就需要水电补充光伏出力的空缺，所以在雨天场景下，龙头水电站各机组的出力均较大，以满足调峰需求和水光系统出力稳定性的要求。

图 7.3.19 所示为 9 月份各机组在不同光伏出力场景下各时段内的运行效率变化。从图中可以看出，在机组运行的时段内，其运行效率均高于 0.9，说明各机组在当前工况下能够高效稳定地运行，同时完成阶段内调峰的任

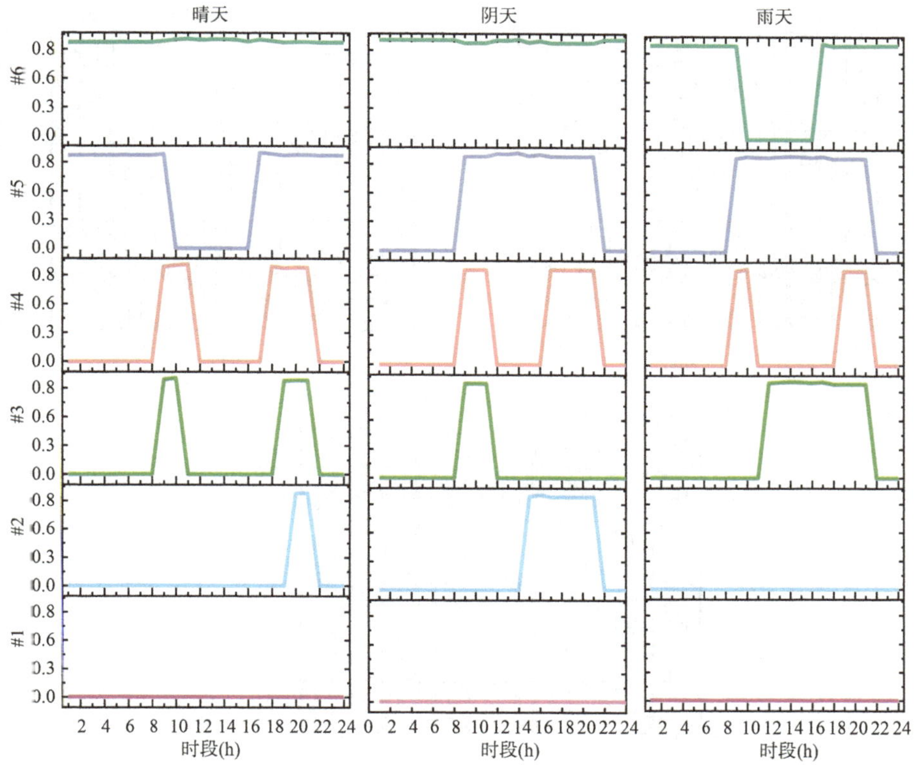

图 7.3.17　6月份厂内各机组运行效率

务。9月份处于流域汛期，同时也是电网用电高峰期，在晴天场景下，尽管光伏出力相对较为稳定，各机组也是一直处于发电状态，且均运行在高效稳定区。在阴天和雨天场景下，机组在某些时段均出现了开停机现象，这是由于光伏出力波动性产生的正常现象，在某时刻光伏出力突然降低或增加，水电站机组就要做出相应的动作，以保证整个水光互补系统出力的稳定性。

6月份和9月份对应的各评价指标如表7.3.4和表7.3.5所示。从表中可以看出，6月份水电站机组在三种场景下运行的效率均在93%以上；机组的启停次数最多为2次；在雨天场景下机组在非经济运行区运行时段所占机组运行总时段数的比例为15.67%，在其余场景下各机组均在经济运行区安全稳定运行；在晴天和雨天场景下的机组出力波动率较小，阴天机组出力波动率相对较大，晴天机组出力波动最小；在晴天场景下，机组的总耗水量较其他场景消耗较多。

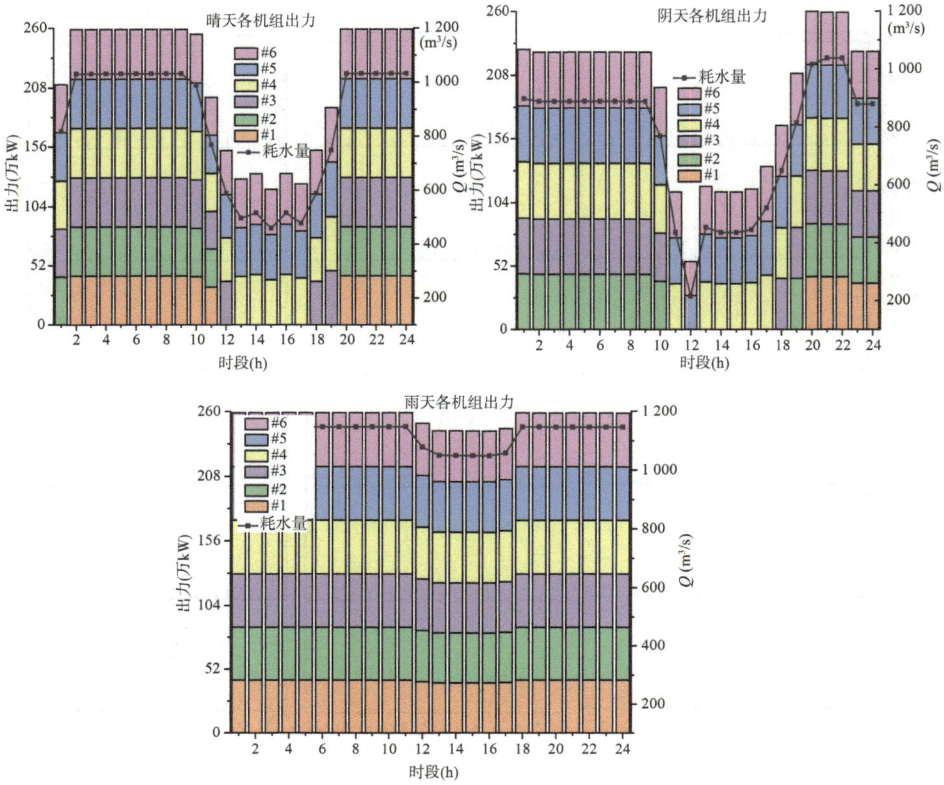

图 7.3.18　9 月份各场景厂内机组负荷分配结果

表 7.3.4　6 月份机组负荷分配指标

出力场景	指标				
	总耗水量（m^3）	非经济运行区比例(%)	启停次数（次）	最大出力波动率(%)	平均效率（%）
晴天	70 504 958	0	2	1.189 3	93.41
阴天	67 665 953	0	0	3.037 5	93.05
雨天	67 423 777	15.67	2	1.942 5	93.84

9 月份水电站机组在三种场景下运行的效率也均在 93%以上，其中晴天和阴天的效率在 95%以上；晴天和阴天机组的启停次数为 6 次，雨天为 0；机组在阴天和雨天场景下均在经济运行区运行，晴天场景下在非经济运行区运行的比例为 1.83%；机组在晴天和雨天的出力波动率较小，不超过 1.4%，在阴天的波动率较大，接近 2.6%；9 月份机组在雨天场景下的耗水量最多。

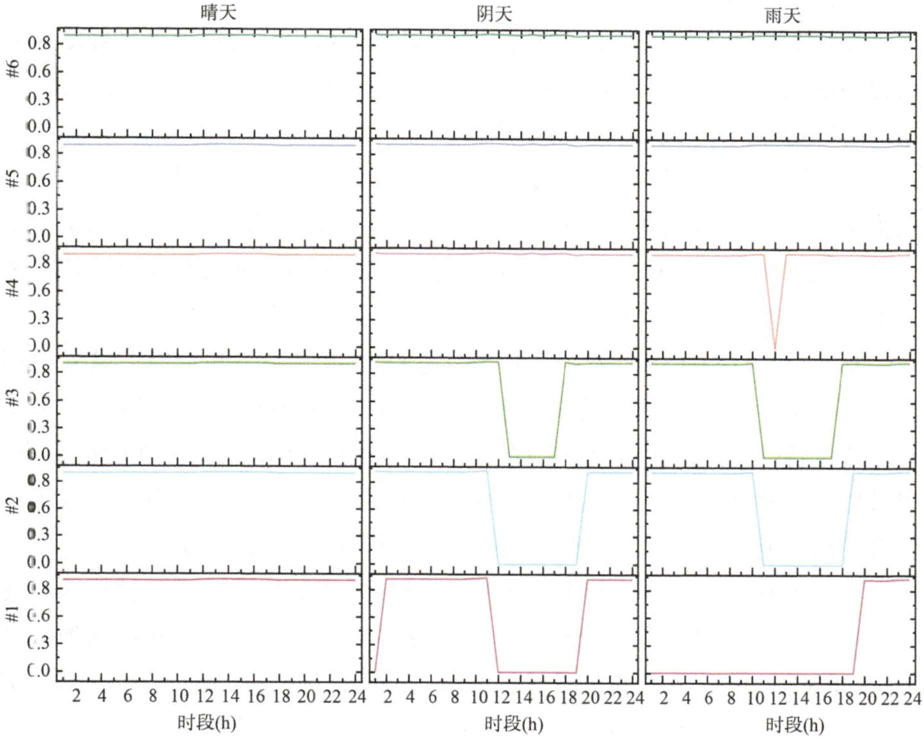

图 7.3.19　9 月份厂内各机组运行效率

表 7.3.5　9 月份机组负荷分配指标

出力场景	指标				
	总耗水量（m^3）	非经济运行区比例(%)	启停次数（次）	最大出力波动率(%)	平均效率（%）
晴天	65 924 347	1.83	6	1.373 0	95.24
阴天	74 337 136	0	6	2.587 3	95.30
雨天	97 192 409	0	0	1.386 6	93.55

7.4　小结

本章重点介绍了基于动态规划方法的两种水电站负荷分配模型及其应用实例。第一种是基于改进生物地理学和动态规划的双层智能嵌套模型，对水电机组负荷分配优化展开研究，得出以下结论。

(1) 基于群均适应度的动态迁移模型与具备混合交叉思想的自适应迁移

算子，可进一步提高改进生物地理学算法收敛能力与寻优能力。

（2）基于改进生物地理学和动态规划算法的负荷分配模型可更好地实现出力最优化分配，节省耗水量，在不同场景下可避免 1～21 次机组振动区穿越，保证运行过程中的经济性与安全性。

（3）在水电机组负荷分配优化过程中，基于改进生物地理学和动态规划的模型，通过考虑出力波动约束，以前一时段机组最优出力为基础，以机组组合是否发生变化为判断条件，有效平抑与削弱不同场景下因调峰模式使得需求负荷、机组组合发生变化所带来的机组出力波动以及运行非稳定性。

第二种是针对传统水轮机流量特性曲线拟合方法多基于模型试验数据且拟合准确度不够等问题，介绍了基于真机运行数据和改进 LSTM 网络的水轮机流量特性曲线拟合方法；针对水光互补系统中水电站调峰性能的需求，以及传统求解算法寻优速度和精度不足的问题，利用改进万有引力搜索算法较强的离散能力和搜索能力对目标函数进行求解，得出如下结论。

（1）利用 IPSO-LSTM 网络、SVM 和 ELM 分别对水轮机流量特性曲线进行拟合预测，结果表明：IPSO-LSTM 方法拟合结果明显优于其他两种拟合方法；IPSO-LSTM 方法的预测精度较 ELM 而言，MSE 降低了约 46％，MAE 减小了约 25％，RMSE 降低了约 27％；较 SVM 而言，精度最少提高了一个数量级。

（2）考虑机组运行经济性、稳定性以及避振约束等条件，建立了机组负荷分配耗水量最小和出力波动最小的数学模型，利用 DP-IGSA 求解水电站机组负荷分配，并提出了五个评价指标，结果表明：在 6 月份和 9 月份两个样本中，在各个光伏出力场景下，机组的运行效率均在 93％以上，机组的最大出力波动率不超过 3.1％，机组的最大启停次数为 6 次，机组在非经济运行区的比例最高为 15.67％。各项指标均说明了水电站各机组，在不确定性光伏出力输入的条件下，能够满足机组的稳定安全运行需求，同时保证机组的调峰性能，弥补光电出力的短板。

第 8 章 数据驱动的水电站负荷分配

基于等微增率、动态规划等方法的水电站负荷分配方法需建立起明确的求解过程与清晰的逻辑映射关系，且模型无法随着数据量的提升而进行自我学习与修正，无法满足大数据时代下水电系统快速发展的需求。随着人工智能技术的研究与应用的快速发展，基于数据驱动的优化模型将分析重点放在历史数据与决策方案的学习与训练上，构建数据输入端与输出端的非线性映射关系；并通过对大量累积数据的挖掘与分析，实现模型的自我修正与改善，提高模型决策效率与优化精度。

从长期的时间尺度来看，机组负荷分配和机组组合的决策也具有一定的重复性，所累积的历史决策方案对于以后的负荷分配也具有一定的指导意义。而机器学习方法能够利用海量的历史决策数据进行训练，构建输入和输出量之间的映射关系，并且随着时间的推移不断进行修正。因此，本章利用机器学习方法的自适应学习的特点，对水电站机组负荷分配问题进行求解。

8.1 基于随机森林的水电站负荷分配

8.1.1 数据预处理

机组负荷分配历史决策数据，在时间尺度上具有一定的重复性。因此，为了能够在长时间尺度下充分地发现机组负荷分配历史决策数据的规律性，同时增加机器学习模型的预测精度，本节首先采用 K-means 算法对历史数据进行聚类处理。

K-means 算法是一种常用的无监督学习算法，能够根据数据的特征将其自动分类，具有高效、简单等优点。其具体步骤已在 3.3 节中描述。聚类中心的个数对聚类效果的影响比较明显，因此需要对聚类中心的数量进行确定。如式(8.1.1)所示，本节所使用的方法为：在一定的聚类中心取值范围内，对每一种情况计算各个样本与聚类中心距离差的平方值的总和，根据总误差与聚类中心个数之间的关系，选择合理的聚类数。

$$SSE=\sum_{n=1}^{N}\sum_{k=1}^{K}(D_k-c_k)^2 \tag{8.1.1}$$

式中：SSE 表示 n 类的总误差；N 表示聚类中心寻优值的上界。

根据所建立的寻优目标函数，对本节所用的样本数据集进行聚类中心个数的确定。聚类中心的寻优范围设置为[1,15]；K-means 算法的最大迭代次数为 300 次；为了避免循环过程中初始聚类中心对结果的影响，每次循环都选择同一初始聚类中心，然后再进行聚类。

编程语言为 Python，运行平台为 PyCharm2022，利用 sklearn 库实现对聚类算法。

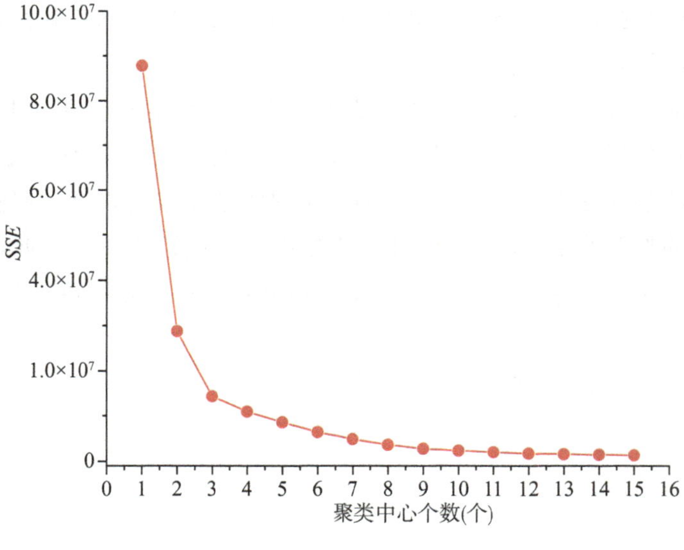

图 8.1.1 聚类中心数量确定

从图 8.1.1 中可以看出，随着聚类中心数量的增加，数据样本与各类中心的误差平方和总值不断减小。聚类中心由 1 变化到 3 时，总误差值减小的幅度最大；从 3 变化到 15 时，总误差值也有所减小，但减小幅度明显降低。因此，当聚类数为 3 时，样本总误差值出现剧烈的变化，为聚类中心数的“拐点”，所以确定聚类中心个数为 3。

在确定好聚类中心数目之后，对采集到的数据进行聚类分析。基本思路是，根据机器学习模型训练数据的输入形式，对采集到的数据以机组水头和外界负荷为一个样本，然后进行聚类。相关的参数设置为，聚类中心数 n_cluster=3，初始聚类中心的选择与之前确定聚类中心数目时相同，最大迭代次数 max_iter 仍为 300 次。

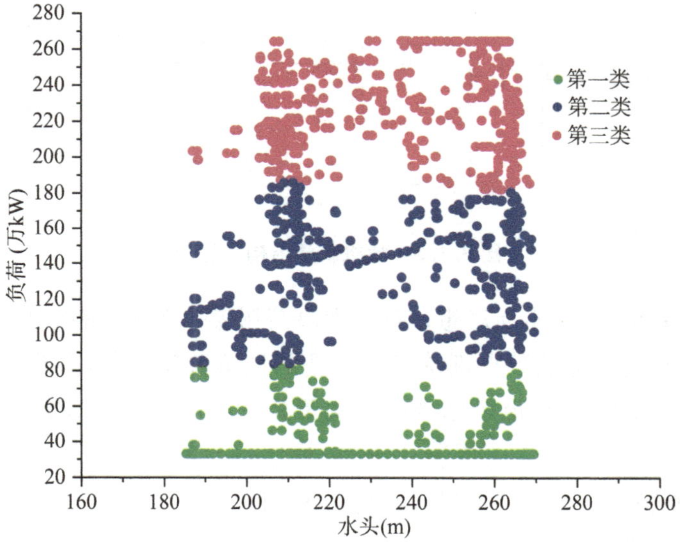

图 8.1.2　聚类结果

聚类结果如图 8.1.2 所示，从图中可看出：第一类数据外界负荷较小，介于 30 万到 80 万 kW 之间，共计 3 524 个样本；第二类数据的外界负荷介于 80 万到 190 万 kW 之间，共计 3 594 个样本；第三类数据外界负荷最大，介于 190 万到 270 万 kW 之间，共计 4 397 个样本。对数据进行了聚类处理，就为后续机器学习模型的训练提供了可靠的保证。

8.1.2　基于随机森林的水电站负荷分配模型

8.1.2.1　随机森林算法

随机森林算法（Random Forest，RF）是建立在决策树基础上的机器学习算法。独立的决策树会过度地依赖训练集数据，容易发生过拟合的现象，而随机森林算法由多个相互独立的决策树组成，用于大规模、高维度数据的学习，能够在数据集存在特征缺失时，选择特征完整的部分构建决策树，解决特征丢失问题。随机森林算法是利用 Bootstrap 抽样方法从原始样本集中抽取多个样本，并对抽取的每个样本进行决策树建模，最后将这些决策树的预测结果通过 Bagging 组合在一起，得到最优的输出。随机森林的一般结构如图 8.1.3 所示。

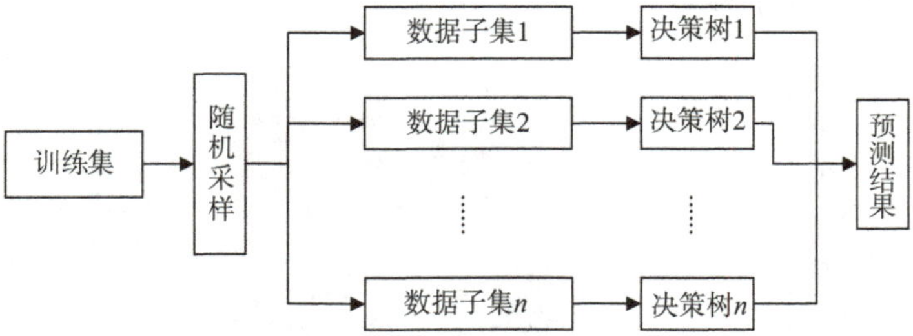

图 8.1.3　随机森林结构示意图

随机森林算法的本质思想是对单棵决策树做出改进，解决其过拟合的问题，通过随机选择原始数据训练集生成新的训练数据子集，并根据新的子集生成一系列的决策树，最后综合各个决策树的学习情况得出最准确的预测结果。

随机森林算法的主要构建流程包括两个阶段：

(1) 构建阶段

设原始训练数据集 D 有 M 个样本，特征总数为 S，所需建立决策树的数量为 k。

①抽取子训练集：利用 Bootstrap 方法从数据集 D 中有放回地随机抽取 M 个样本，形成 S 个子训练数据集，构建 M 棵决策树，没有被抽中的样本组成 M 个袋外数据。

②构建决策树：在决策树各结点处从 S 个特征中随机选取 F 个特征（$F \leqslant M$）作为该结点的分割特征集，利用一定的准则选取最优分割特征与最优分割点，将当前结点分为两个子结点，同时将训练集数据也分到这两个子结点中。重复分割过程，直至满足要求。

③构建随机森林：重复步骤②，直到 k 棵决策树全部生成，组合为随机森林 $\{tr_i, i = 1, 2, 3, \cdots, k\}$。

(2) 预测阶段

①利用随机森林中 k 棵决策树对测试集数据集 D_t 进行预测，得到 k 个预

测结果 $\{y_1, y_2, \cdots, y_k\}$。

②基于 Bagging 方法，对预测结果进行整合得到最终预测结果。

8.1.2.2　机组负荷分配模型

利用随机森林算法求解机组负荷分配时，建立的模型结构如图 8.1.4 所示。其中 D 代表所有的训练集样本，X、Y 分别代表输入量和输出量，D_1 至 D_r 表示子训练集，$\{tr_i, i=1,2,3,\cdots,k\}$ 表示建立的 K 棵决策树，y 为最终预测值。

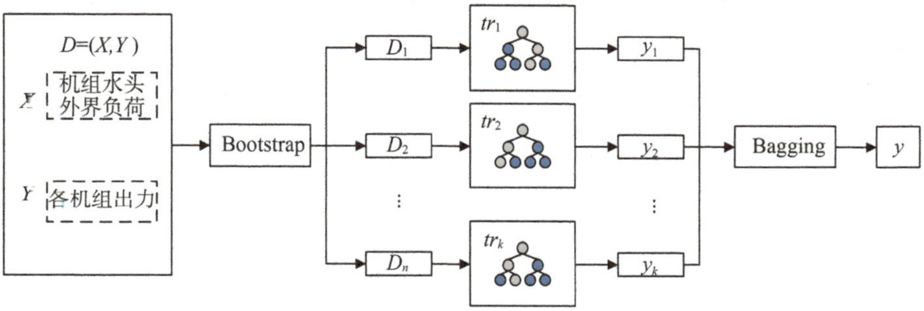

图 8.1.4　RF 机组负荷分配模型

基于随机森林的机组负荷分配模型求解主要有以下两步。

(1) 数据搜集与预处理

数据为该龙头水电站的特性参数，包括机组发电水头、同一时刻的外界负荷以及当前时刻各个机组的出力。真机运行数据的时间尺度为 1 年，每个月 10 天，每天 96 个采集时刻。对于采集到的运行数据，由于各参数量纲不同，可能会导致数据集各维度之间差距较大，因此需要进行归一化处理。

(2) 模型训练与预测

将预处理完成后的数据读取到 Python 中，利用 sklearn 库建立随机森林模型。按比例将数据集随机分为训练集和测试集，然后进行训练。为防止过拟合现象，对随机森林可进行剪枝处理。

8.1.2.3　实例分析

利用随机森林方法进行求解时，需设置训练集和测试集样本数据。本实例以 6.2.3 节所述流域的龙头水电站为例，龙头水电站机组水头、外界负荷以及各机组出力的数据共计 11 520 个样本，测试集数据为龙头水电站 6 月份对应光伏阴天、雨天和晴天场景下机组的相应参数，共计 72 个样本。

模型的输入为机组的水头和外界负荷，输出为6台机组各自的出力。计算平台为PyCharm2022，编程语言为Python，主要模块库为Numpy、Pandas以及Matplotlib等。根据聚类结果分别建立三个随机森林模型，以第三类为例进行说明。

随机森林模型中“树”的数量对模型的预测精度有着明显的影响，需要对其数量的设置进行寻优计算。相关设置为：随机森林中“树”寻优区间为[100,200]，间隔为10；“树”的最大深度max_depth=3；每个叶子结点包含的最少的样本数min_samples_leaf=1；以预测准确度作为评价指标，寻优结果如图8.1.5所示。

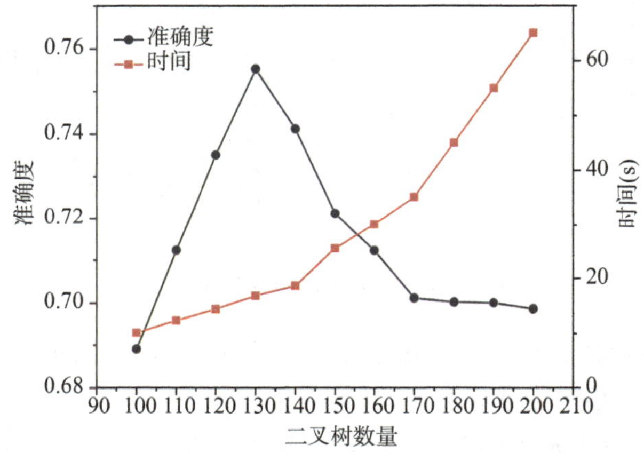

图8.1.5 随机森林二叉树数量寻优

从图8.1.5中可以看出，随着二叉树数量的逐渐增加，模型预测的准确度先增加后减小，在二叉树数量为130时达到最大值；随着树数量的增加，模型计算预测的时间也在迅速增加。综合比较来看，选择随机森林中二叉树数量为130较为合理，能够在满足预测精度的同时，花费较少的时间。

其他两个随机森林模型树的数量分别为110和120，输出矩阵均为6维。在确定好随机森林模型的相关参数后，利用其对机组负荷分配进行求解，对训练数据需进行归一化处理，模型的相关参数设置如表8.1.1所示。根据设置的参数，完成对随机森林模型的训练，并利用该模型对龙头水电站在6月份各光伏出力场景下的机组负荷分配进行求解，对每个测试集样本数据，首先根据其与各个聚类中心的欧式距离，判断其属于哪个类别，然后利用对应的随机森林模型对该样本进行计算预测，预测结果如图8.1.6所示。

表 8.1.1　随机森林预测模型参数设置

参数	值
二叉树数量（n_estimators）	130
最大树深(max_depth)	3
结点最少样本数(min_samples_leaf)	1
输入矩阵维度(input_shape)	(4 397×2,4 397×6)
输出矩阵维度(output_shape)	6

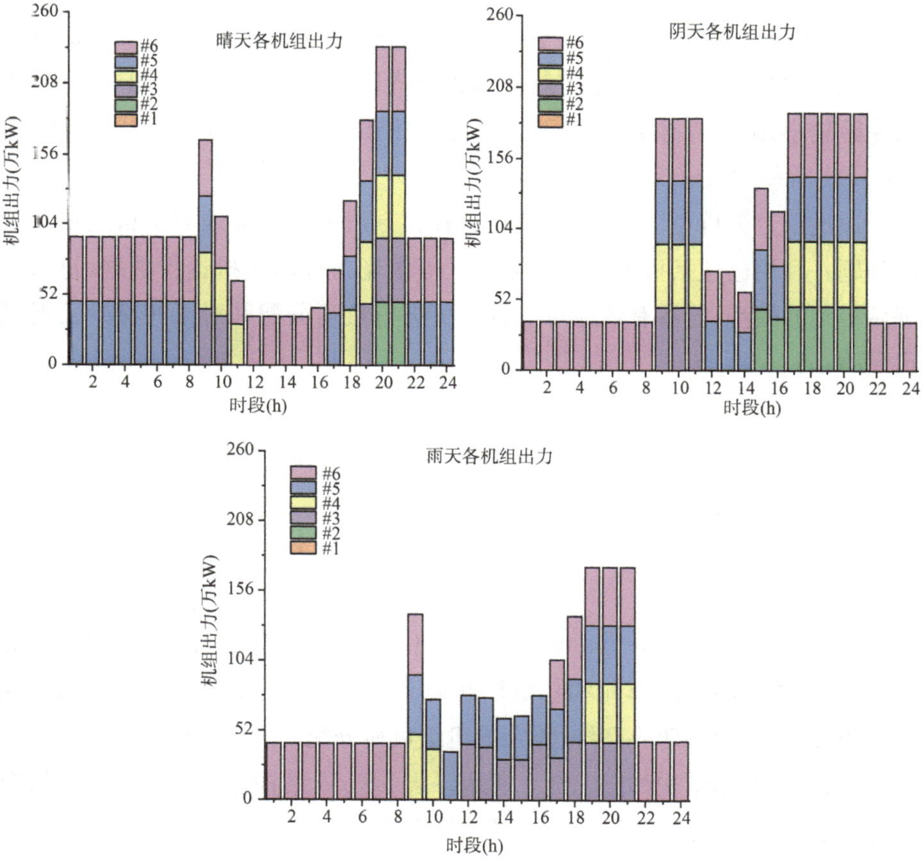

图 8.1.6　随机森林计算结果

将随机森林模型计算的结果与图 7.3.16 进行对比，发现二者的总体趋势以及各机组的出力差距基本不大，说明随机森林模型得到的机组负荷分配结果与传统数学解析方法结果相近。为更好地验证这一观点，我们计算出随机森林方法预测结果的各类指标，如表 8.1.2 所示。

表 8.1.2　随机森林机组负荷分配结果指标

出力场景	指标				
	总耗水量（m^3）	非经济运行区比例（%）	启停次数（次）	最大出力波动率（%）	平均效率（%）
晴天	69 504 958	0	2	1.561 4	93.31
阴天	66 545 968	0	0	3.275 7	93.15
雨天	66 985 439	15.43	2	1.624 5	93.54

从表 8.1.2 中可以看出，各类场景下水电机组的总耗水量相较于 DP-IG-SA 计算结果有所减少，这是由于机组总出力也相应地减少；机组启停次数均为 2 次；机组出力波动率、平均效率和非经济运行区比例也均在同一量级，数值差距较小；随机森林负荷分配结果测试集测试结果为 MSE＝1.037 6，MAE＝0.495 8，R_2＝0.835 6。

通过以上分析可以看出，利用随机森林方法可以有效地解决机组负荷分配问题。利用已包括机组运行时振动区等限制条件的真机运行数据，进行训练后得到的模型，能够有效地对现有工况进行负荷分配并对某些额外工况做出预测。

8.2　基于门控循环单元网络的水电站负荷分配

8.2.1　门控循环单元

门控循环单元(Gate Recurrent Unit，GRU)利用重置门替代了 LSTM 的三个门控，同时将数据单元和隐藏层状态合并，能够很好地解决复杂的非线性问题，故可以用来解决高维、复杂的机组负荷分配问题。

GRU 的基本结构如图 8.2.1 所示。与 LSTM 结构相比，GRU 的结构中仅包括更新门和重置门两个门控，其计算方法如下所示。

(1) 更新门

$$z_t = \sigma(W_z x_t + U_z h_{t-1}) \tag{8.2.1}$$

式中：z_t 为更新门，t 为时刻；σ 为 Sigmoid 激活函数；x_t 为当前时刻神经元输入矩阵；h_{t-1} 为上一时刻单元的隐藏状态；W_z 为当前时刻输入层至更新门的权重矩阵；U_z 为上一时刻隐藏状态至当前时刻更新门的权重矩阵。更新门用于控制过去时刻信息对当前时刻网络状态的影响。

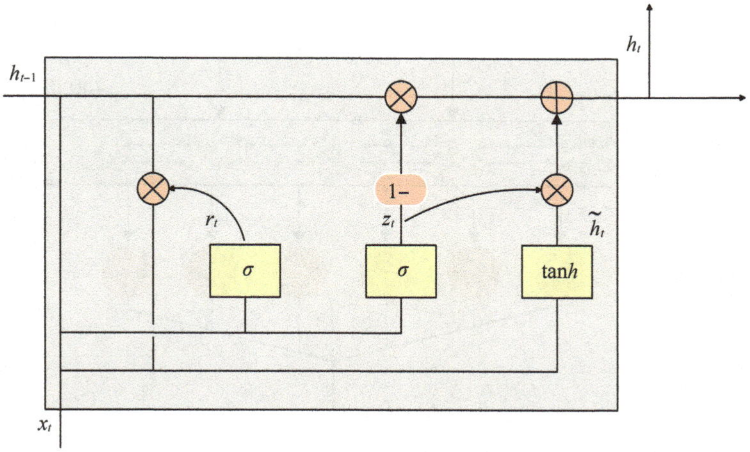

图 8.2.1　GRU 结构图

（2）重置门

$$r_t = \sigma(W_r x_t + U_r h_{t-1}) \tag{8.2.2}$$

式中：W_r 为输入层至重置门的权重矩阵；U_r 为隐藏层至重置门的权重矩阵。重置门用于决定保留历史信息和存储新信息的程度。

（3）候选隐藏状态

$$\widetilde{h}_t = \tanh[x_t W_{xh} + (r_t \odot h_{t-1} W_{hh})] \tag{8.2.3}$$

式中：$\widetilde{h}_t$ 为候选隐藏状态；W_{xh} 为输入层至候选隐藏状态的权重矩阵；W_{hh} 为上一时刻隐藏层到下一时刻隐藏层的权重矩阵。

（4）输出值

$$h_t = z_t \odot h_{t-1} + (1 - z_t) \odot \widetilde{h}_t \tag{8.2.4}$$

式中：h_t 为当前时刻 GRU 单元的输出，是上时刻隐藏状态 h_{t-1} 与当前候选隐藏状态 $\widetilde{h}_t$ 的线性组合。

8.2.2　基于 GRU 的水电站负荷分配模型

本节所建立的 GRU 机组负荷分配模型如图 8.2.2 所示。

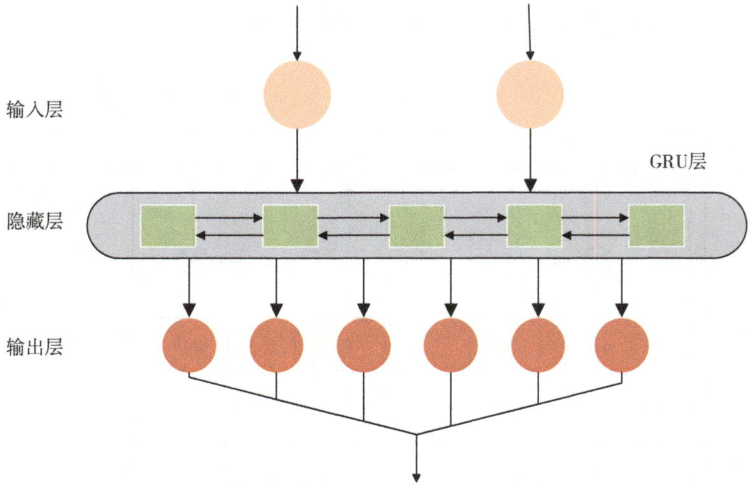

图 8.2.2　GRU 网络机组负荷分配模型

总体结构可分为输入层、隐藏层和输出层三大部分。输入训练集或测试集样本均包括水头和外界负荷两个特征，所以网络的输入层设置为 2 维的全连接层；隐藏层为单层 GRU 层，其内部含有多个记忆单元；输出数据为各机组的出力，故输出层维度与电站机组台数相同。除了 GRU 层内神经元之间有数据交流以外，其余各层神经元之间相互独立，只有层与层之间有信息交流。同时，在数据样本进入输入层之前，需要进行归一化处理，消除各机组额定出力不同所带来的量纲影响；在 GRU 层内，为了防止过拟合现象发生，可加入 Dropout 层进行调节，提高模型训练速度和预测准确度。

8.2.3　实例分析

在利用 GRU 模型求解机组负荷分配时，根据 8.1.1 节聚类结果，分别建立三个 GRU 网络模型，需要对每个网络模型的隐层神经元的个数进行确定，即 GRU 层神经单元的数量。以第三类进行隐层神经元个数寻优为例，相关参数设置如表 8.2.1 所示。

表 8.2.1　GRU 网络隐层结点寻优参数设置

参数	值
Dropout	0.1
训练集批数 Batch_size	80

续表

参数	值
输入矩阵维度(input_shape)	(4 397×2,1,4 397×6)
测试样本维度(test_shape)	(72×2,1,72×6)
输出矩阵维度(output_shape)	(72×6)
反向传播损失函数 loss	MSE
最大迭代次数 epochs	300
门控激活函数	Sigmoid
寻优区间	50～300,间隔 20
优化算法	Adam

寻优计算平台为 PyCharm2022,编程语言为 Python、Tensorflow 版本 2.8.0、Keras 版本 2.8.0,GPU 型号 NVIDIA GeForce GTX 1050,优化结果如图 8.2.3 所示。

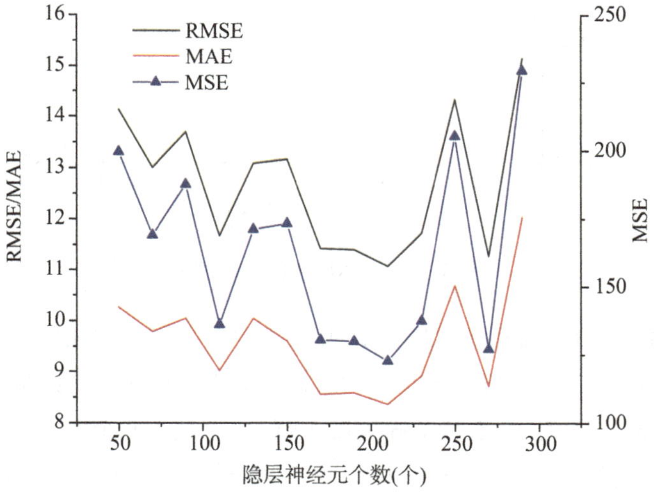

图 8.2.3　GRU 网络隐层神经元数目优化

从图 8.2.3 中可以看出,随着隐层神经元个数的增加,模型预测误差总体先减小后增大,当隐层神经元数目为 210 时,各误差指标达到最小值,MSE 为 122.584,MAE 为 8.368,RMSE 为 11.072。故选取 GRU 层内部神经元个数为 210,其他两类的隐层神经元数目分别为 200 和 210。

确定好以上参数后,对 GRU 网络模型进行训练。相关训练参数设置为:

训练数据批数为 80，最大训练次数为 400 次，验证集数据占训练集数据的 10%，损失函数为 MSE，训练算法为 Adam，门控激活函数为 Sigmoid。

GRU 模型的训练过程如图 8.2.4 所示。从图中可以看出，模型总损失(MSE)先增大后减小，在 200 次左右迭代后稳定在 0.11 附近；测试集损失值在 200 步迭代之后也逐步趋于稳定，到最大迭代次数 400 时，其值稳定在 0.125附近。从模型的训练过程可以看出，在经过 400 次训练后，此 GRU 网络模型参数趋于稳定，因此可以保存模型结点参数，其可用于以后的预测环节，无须再次训练。

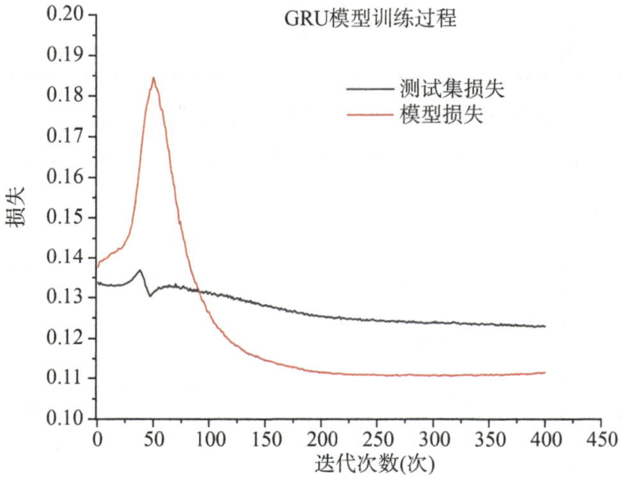

图 8.2.4　GRU 模型训练过程

其他两个 GRU 模型训练时的相关参数设置与第三类相同。利用训练好的网络模型进行机组负荷分配问题的求解时，需根据每个测试集样本与各个聚类中心的欧氏距离，判断每个样本属于哪一类，然后再利用对应的 GRU 模型进行预测。选取的测试集样本仍为龙头水电站 6 月份时的数据，输入各光伏出力场景下水电机组的水头和外界负荷，输出 6 台机组各自的出力，分配结果如图 8.2.5 所示。

从图 8.2.5 中可以看出，GRU 网络模型计算的机组负荷分配结果与前两种方法计算的结果之间存在一定的差距，在某些时刻本应停机的机组仍分到了一定的出力任务，为更详细地对比计算结果之间的差异，在表 8.2.2 中计算出 GRU 机组负荷分配结果的相应指标。

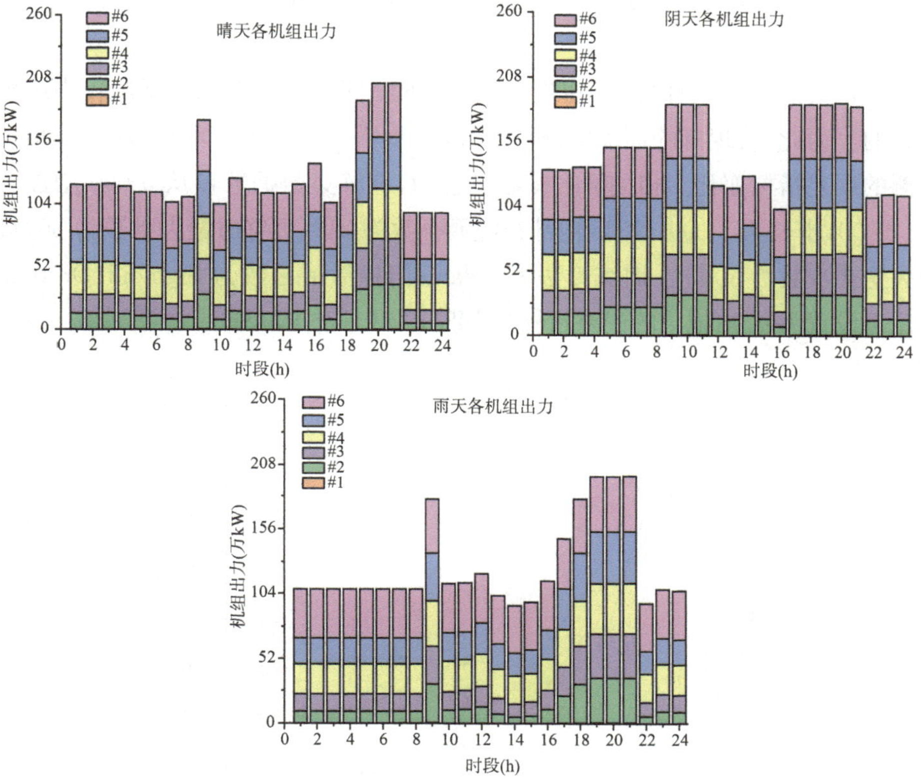

图 8.2.5　GRU 模型机组负荷分配结果

表 8.2.2　GRU 机组负荷分配指标

出力场景	指标				
	总耗水量（m^3）	非经济运行区比例(%)	启停次数（次）	最大出力波动率(%)	平均效率（%）
晴天	65 013 447	4.36	0	2.143 7	93.12
阴天	70 337 136	3.21	0	1.670 6	93.22
雨天	65 192 409	14.21	0	2.494 7	93.11

从表 8.2.2 中可以看出，与传统方法和随机森林模型计算结果相比，基于 GRU 模型的机组负荷分配方案在各场景下机组总耗水量变化不大；非经济运行区比例在晴天和阴天场景下有所增加，在雨天场景下有所减小；机组在整个负荷分配过程中没有开停机操作；机组最大出力波动率在晴天、雨天有所增加，平均运行效率变化不大。总体而言，虽然 GRU 网络模型得到的机组负

荷分配结果与传统方法和随机森林模型的结果有一定的差距,但其负荷分配结果各项指标也都在合理的机组运行范围内,只是在水电站运行经济性上有所差距。

针对发生的这种现象,初步考虑是 GRU 网络模型训练数据量较小所导致的。为此,将现有的训练集进行划分,逐步增大训练集样本数,观察模型预测的误差指标变化。相关网络参数设置为:训练集数据数量从 5 000 增加到 11 000,步长为 1 000;GRU 内部神经元个数为 210;训练时最大批数为 80;最大迭代次数为 300 次;训练算法为 Adam;门控激活函数为 Sigmoid;Dropout 比例设置为 0.1;记录的误差指标为 MSE、MAE 和 RMSE。

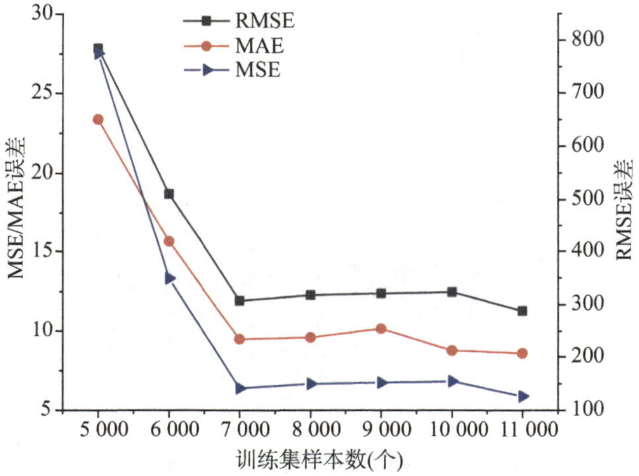

图 8.2.6　训练集样本数对 GRU 网络的影响

如图 8.2.6 所示,随着训练集样本数的增加,GRU 模型的误差指标均在减小,样本数为 5 000 至 7 000 时最为明显,然后 7 000 至 10 000 时略有所上升,最后当达到本次所采集的所有训练样本数时,各项误差指标均达到了最小值,并且有明显的下降趋势。因此,本节 GRU 机组负荷分配模型得到的结果与传统数学方法求解的结果有差距,其原因最可能是训练集样本数较少,模型没能够充分、全面地掌握各机组水头和外界负荷条件下机组的出力分配情况。同时这也说明随着训练集数据量增加,GRU 在测试集上的表现会越来越良好。

8.3 基于深度置信网络的水电站负荷分配

本节依托于水电站长期积累的海量多源异构数据，采用数据驱动模型中较为成熟的深度置信网络模型，通过对大量水电站机组组合与负荷分配历史数据的重复训练，挖掘数据样本间的关联性，构建基于数据驱动的水电机组组合与负荷分配协同的深度学习模型，实现厂内机组经济运行精细化，提高水电站运行的安全经济性与智能优化水平。

8.3.1 深度置信网络

在深度学习领域中存在许多较为成熟的算法模型，如深度置信网络(Deep Belief Network，DBN)、卷积神经网络(Convolutional Neural Network，CNN)以及堆叠自编码神经网络(Stacked Auto Encoder，SAE)等，各类算法应用的侧重领域也不相同。

DBN 网络可用于深度学习网络中的回归预测，也可作为分类模型而使用，适用范围广。与 SAE 在网络构造中较为相似的是，DBN 网络先是由一定层数的受限玻尔兹曼机(Restricted Boltzmann Machine，RBM)堆叠而成，通过多层的 RBM 实现对数据样本的无监督学习并抓取样本特征，最后回归层通过 BP 网络等其他单层神经网络完成回归拟合预测结果或对样本的分类处理。因 DBN 模型能够做到对样本数据特征的最大程度还原，可较好地建立起数据输入与输出端间的关联分析性，故本节选取 DBN 网络作为基于数据驱动的水电机组负荷分配研究模型。

RBM 作为 DBN 中需要重复堆叠的网络结构，其本质上是一个具备显层 v 与隐层 h 神经元双向全连接特征的神经感知器，在两层神经元中，所有节点均满足随机二值变量的特性；同时，其全概率分布亦均满足玻尔兹曼分布规律。

在 RBM 的结构构造中，存在一个权值参数 w，用以表征任意两个神经元间的连接强度，当显层神经元与隐层神经元相连接时，用参数 c 代表其自身权重；反之，当隐层神经元与显层神经元相连接时，用参数 b 代表其自身权重。对 DBN 中的任意一个 RBM，其能量可用式(8.3.1)表示：

$$E(v,h) = -\left(\sum_{i=1}^{N_v} b_i v_i + \sum_{j=1}^{N_h} c_j h_j + \sum_{i,j=1}^{N_v,N_h} w_{ij} v_i h_j\right) \tag{8.3.1}$$

式中：v、h 分别代表显层与隐层；v_i、h_j 分别表示显层、隐层的第 i、j 个神经元，

N_v、N_h分别代表显层与隐层的神经元个数。

RBM 中显层、隐层神经元被激活概率可用式(8.3.2)、式(8.3.3)表示：

$$\begin{cases} P(v_i \mid h) = \sigma(c_i + \sum_j w_{i,j} h_j) \\ P(h_j \mid v) = \sigma(b_j + \sum_i w_{i,j} x_i) \end{cases} \tag{8.3.2}$$

$$\sigma(x) = 1/(1 + e^{-x}) \tag{8.3.3}$$

式中：σ 为深度学习中 Sigmoid 激活函数。

单层 RBM 的工作逻辑为：当任意数据向量 x 由 RBM 显层 v 或隐层 h 的输入端进入时，通过式(8.3.2)可分别算出对象层神经元开启概率，其隐层 h 与显层 v 概率分布分别服从式(8.3.4)～(8.3.5)。

$$\begin{cases} h_j = 1, P(h_j \mid x) \geqslant \mu \\ h_j = 0, P(h_j \mid x) < \mu \end{cases} \quad \mu \in (0,1) \tag{8.3.4}$$

$$\begin{cases} v_i = 1, P(v_i \mid x) \geqslant \lambda \\ v_i = 0, P(v_i \mid x) < \lambda \end{cases} \quad \lambda \in (0,1) \tag{8.3.5}$$

DBN 网络的训练过程由堆叠多层的 RBM 完成，属于一个无监督的训练学习过程，通过采用对比散度算法训练 RBM，可不断求出参数组 $\theta = (b、c、w)$，用以后续操作中对数据的回归拟合计算。针对任意已知第 t 个输入样本 v^t，参数组 θ 的求解过程可通过式(8.3.6)得到。

$$\begin{cases} L(\theta) = \sum_{t=1}^{T} \ln P(v^t, h) = \sum_{t=1}^{T} (\ln \sum_{n_h} e^{-E(v^t, h)} - \ln \sum_{n_v} \sum_{n_h} e^{-E(v,h)}) \\ \theta = \operatorname{argmax} L(\theta) = \operatorname{argmax} \sum_{t=1}^{T} P(v^t, h) \end{cases} \tag{8.3.6}$$

通过梯度下降法求 $L(\theta)$的最大值，从而获得最优参数 θ，通过式(8.3.7)可获得对数似然函数关于 θ 的梯度。

$$\begin{aligned} \frac{\partial L}{\partial \theta} &= \sum_{t=1}^{T} \frac{\partial}{\partial \theta} (\ln \sum_{n_h} e^{-E(v^t, h)} - \ln \sum_{n_v} \sum_{n_h} e^{-E(v,h)}) \\ &= \sum_{t=1}^{T} \left(\left\langle \frac{\partial[-E(v^t, h)]}{\partial \theta} \right\rangle_{P(h \mid v^t)} - \left\langle \frac{\partial[-E(v,h)]}{\partial \theta} \right\rangle_{P(v,h)} \right) \end{aligned} \tag{8.3.7}$$

式中：$\langle \ \rangle_P$ 表示分布 P 的数学期望。

多层 RBM 相互串联构成了 DBN 网络中的隐含层，前层 RBM 的输出作为后层 RBM 的输入，在训练过程中，需对当前层的 RBM 进行充分训练，才可进入下一层。当训练至最后一层 RBM 时，需将所输出的具备高维抽象性特征的数据作为 DBN 顶层回归层的输入，通过顶层回归层的回归拟合操作，即可获得对初始数据的预测结果，在传统 DBN 中，主要选取 BP 神经网络作为顶层回归层。

8.3.2　基于深度置信网络的水电站负荷分配模型

构建基于 DBN 深度学习的水电机组负荷分配模型，需要将大量历史运行、机组组合及负荷分配数据作为数据参数对深度学习模型进行训练，本模型选取调度时段内电站计划需求负荷 Load、电站发电水头 Head 作为输入，将输入及其对应下的各个机组发电负荷 P_t 作为映射样本，通过 DBN 网络进行训练与学习，最终可得到电站需求负荷 Load、发电水头 Head 与各机组出力 P_t 之间的非线性函数 $P_t = f(Load, Head)$ 的映射模型，最后将该模型应用于实际水电机组负荷分配中。

由于数据样本间量纲单位各不相同，若直接输入原始数据，则易使得深度学习模型在训练及回归过程中出现过拟合的现象，导致模型训练效率、决策精度低下。对此，针对不同数值范围大小的样本数据，需根据式(8.3.8)进行预处理，限制数据样本特征变化范围，消除同一样本不同特征间的关联性。

$$x'_j = \frac{x_j - \min(x_j)}{\max(x_j) - \min(x_j)} \tag{8.3.8}$$

式中：x_j表示样本 x 的第 j 个特征值；$\max(x_j)$、$\min(x_j)$则表示该特征的最大、最小值。

将进行预处理后的样本数据放入 DBN 网络中，通过层层堆栈的 RBM 对数据间低维特征进行不断的训练与学习，随后通过组合低维特征形成高维特征的顶层回归层进行后续的回归拟合计算，最后通过相关误差指标求得 DBN 网络的拟合精度。本模型采取平均绝对百分比误差(Mean Absolute Percentage Error，MAPE)、平均精度(Mean Accuracy，MA)与标准化均方根误差(Normalized Root Mean Square Error，NRMSE)作为模型预测拟合精度的评价指标，计算式见式(8.3.9)至式(8.3.11)。

$$E_{MAPE} = \frac{1}{T}\sum_{t=1}^{T}\left(\frac{1}{n}\sum_{i=1}^{n}\left|\frac{P_t(i) - P_t'(i)}{P_t(i)}\right| \times 100\%\right) \tag{8.3.9}$$

$$E_{MA} = 1 - E_{MAPE} \tag{8.3.10}$$

$$E_{NRMSE} = \frac{1}{T}\sum_{t=1}^{T}\left(\frac{\sqrt{\frac{1}{n}\sum_{i=1}^{n}(P_t(i)-P_t'(i))^2}}{P_t^N}\times 100\ \%\right) \tag{8.3.11}$$

式中：P_t、P_t' 分别表示第 t 台机组实际出力与预测出力；P_t^N 表示第 t 台机组额定出力；n 表示样本总数。

基于 DBN 的水电机组负荷分配模型求解流程见图 8.3.1。

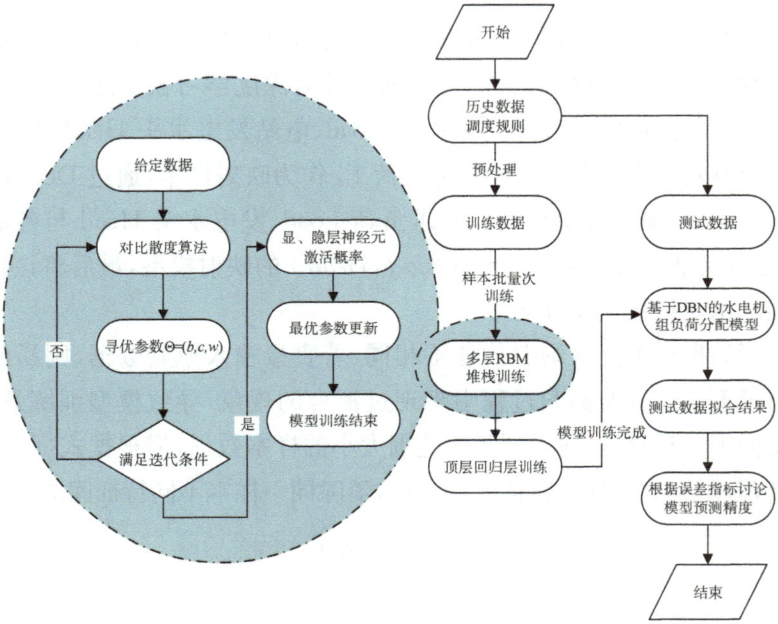

图 8.3.1　模型求解流程示意图

8.3.3　实例分析

以 3.4 节中具备年调节性质的电站 B 作为本模型的研究对象，数据样本输入选取为平水年一整年内的日内计划负荷与发电水头，数据样本输出选取基于 DPP 模型计算下对应计划负荷与水头的机组负荷分配结果，单个样本最小时间尺度选为 15 min。为获得模型最优参数与网络结构，采取控制变量法依次确定最佳网络 RBM 层数、最佳单层神经元节点数，将误差分析指标及训练时间作为最优参数间的评价标准。不同参数对模型预测拟合精度的影响结果见表 8.3.1、表 8.3.2。

表 8.3.1　不同 RBM 层数下模型预测精度

网络层数(层)	E_{MA}(%)	E_{NRMSE}(%)	训练时间(s)
2	86.08	12.92	10 827
3	74.92	18.42	12 015
4	75.15	19.67	13 085

由表 8.3.1 可看出当 DBN 网络层数设置为 2 层时，模型整体预测精度最高，相较 3、4 层 RBM 下的深度学习模型，整体预测精度 E_{MA} 可分别提升 14.90%与 14.54%，标准化均方差根 E_{NRMSE} 分别下降 5.50%与 6.75%，模型时间成本较低，收敛拟合性能较好，故本节选择 2 层作为最佳 RBM 层数。

表 8.3.2　单层节点不同神经元个数下模型预测精度

神经元个数(个)	E_{MA}(%)	E_{NRMSE}(%)	训练时间(s)
64	86.08	12.92	10 827
128	77.30	17.53	28 568
192	76.06	17.23	33 120

由表 8.3.2 可看出在确定最佳 RBM 层数后，设置单层不同神经元个数对深度学习模型预测精度的影响。随着神经元个数的增加，E_{MA} 下降幅度达 11.64%，E_{NRMSE} 分别提升 4.61%与 4.31%，模型拟合精度下降的同时时间成本也随之增加，故本节选择单层神经元个数 64 作为最佳网络节点数。

为比较基于 DBN 的水电机组负荷分配模型与传统 DDP 模型的机组负荷分配结果，以场景一、四以及平水年中任意一天的调度日作为三组样本进行比对，负荷分配结果对比见图 8.3.2 至图 8.3.4，耗水量及相关结果见表 8.3.3。

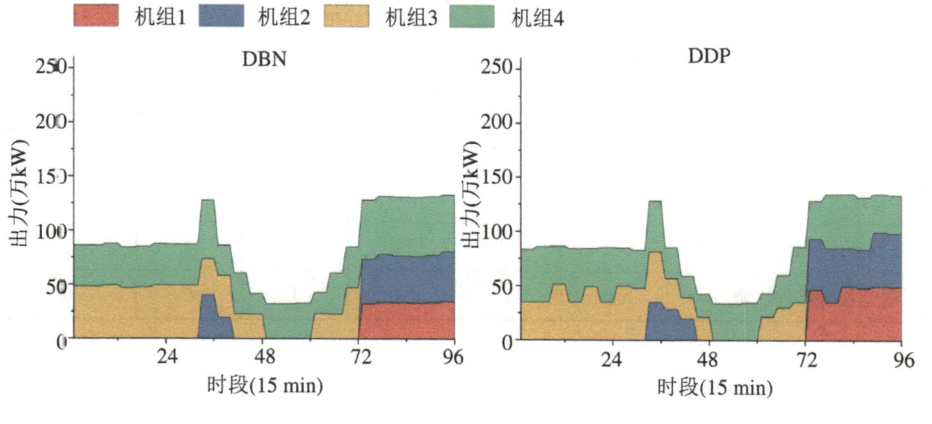

图 8.3.2　样本 1 负荷分配结果对比

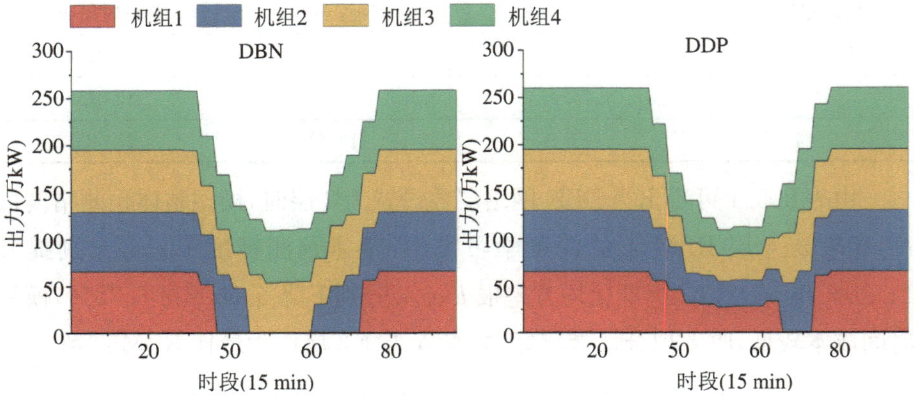

图 8.3.3　样本 2 负荷分配结果对比

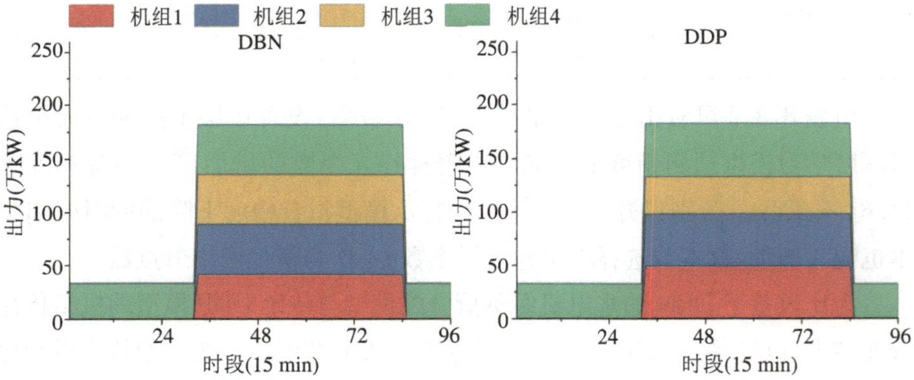

图 8.3.4　样本 3 负荷分配结果对比

表 8.3.3　三组样本下负荷分配相关指标对比

指标	样本 1 模型		样本 2 模型		样本 3 模型	
	DBN	DDP	DBN	DDP	DBN	DDP
总耗水量（$\times 10^7/m^3$）	3.300	3.393	7.149	7.315	3.817	3.837
振动区穿越次数（次）	12	21	3	7	2	2
机组额外启停次数（次）	2	2	2	1	0	0

由图 8.3.2～8.3.4 可看出基于 DBN 计算下的机组负荷分配结果，在整体上与 DDP 计算的结果并无明显差异。在样本 1 中，电站 B 的计划负荷曲线波动较大，在 DDP 模型负荷分配过程中会不可避免地给各机组带来出力波动，但基于 DBN 模型下各机组出力曲线波动却较 DDP 小，出力变化的锯齿状特征得到明显弱化，体现在样本 1 的 3～8 h 与 18～24 h 附近，经分析这是因为 DBN 模型可基于以往历史调度数据挖掘电站负荷分配规则，建立仅基于输入与输出间的映射关系模型，较传统负荷分配模型可做到分配过程优化、合理。

结合表 8.3.3 分析两组模型在三组样本下的负荷分配相关指标，对比可发现在三组样本中基于 DBN 模型下的负荷分配均可做到耗水量一定程度上的优化，相较 DDP 模型分别优化至 2.73%、2.26%与 0.52%的耗水量，另在样本 1、2 中，基于 DBN 模型下的负荷分配针对机组振动区穿越次数的优化幅度可达 42.85%与 57.14%，故可看出基于数据驱动下的机组负荷分配模型较传统模型更易合理、科学地分配机组数量及对应负荷，有效提高目标函数优化程度，兼顾运行经济性的同时提升机组运行安全性，对后续水电机组及多能互补负荷分配的研究具有重要参考意义。

8.4 基于深度强化学习算法的水电站厂内实时优化调度

本节针对电网负荷预测与日前发电计划偏差量的最优调整展开研究，将水电站厂内智能调度问题转换为马尔科夫决策过程并应用深度 Q 学习算法 (Deep Q-Learning, DQN) 对其求解，得到水电站厂内实时滚动运行策略。

8.4.1 水电站厂内实时优化运行

在调整水电站的实时发电计划时，需要根据当前时刻的预测偏差实时滚动更新电站的日前发电计划，时间间隔一般设为 15 min，调度期为从当前调度时刻至当日 24 点。

8.4.1.1 目标函数

根据水电机组优化运行准则，应在满足安全运行的前提下，针对实时负荷偏差量，微调给定的水电机组日前发电计划使得所消耗的偏差耗水量最小，其目标函数为：

$$\min\Delta Q = \sum_{i=1}^{N}\Delta Q_i \tag{8.4.1}$$

式中：ΔQ 为调度时段 15 min 内所有运行机组的总耗水量偏差；N 为所有水电机组数；ΔQ_i 为机组 i 在 15 min 调度时段内的耗水量偏差。

水电机组的耗量特性 Q_i 可以表示为机组 i 在调度时段内的平均出力 P_i 与平均水头 H_i 的非线性函数，即：

$$Q_i = f(P_i, H_i) \tag{8.4.2}$$

当机组出力实时调整量为 ΔP_i 时，相应的调节耗水量 ΔQ_i 为：

$$\Delta Q_i = f(\Delta P_i, H_i) \tag{8.4.3}$$

8.4.1.2　约束条件

水电站实时运行的约束条件与经济运行类似，但实时运行的变量为水电机组出力和耗水量的偏差量，也考虑 4 个方面，即出力偏差量平衡约束、各机组出力约束、各机组流量约束和各机组运行时的振动区约束等。

(1) 偏差量平衡约束

$$\sum_{i=1}^{N}\Delta P_i = \Delta P_L \tag{8.4.4}$$

式中：ΔP_i 为 15 min 时段内的系统总负荷偏差。

(2) 机组出力约束

$$P_{i,\min} \leqslant P_i \pm \Delta P_i \leqslant P_{i,\max} \tag{8.4.5}$$

式中：$P_{i,\max}$、$P_{i,\min}$ 分别为机组 i 的出力上、下限。

(3) 机组流量约束

$$Q_{i,\min} \leqslant Q_i + \Delta Q_i \leqslant Q_{i,\max} \tag{8.4.6}$$

式中：$Q_{i,\max}$、$Q_{i,\min}$ 分别表示机组 i 发电流量的上、下限。

(4) 机组振动区约束

水电机组在运行时应尽量避开振动运行区，即

$$(P_i + \Delta P_i - P_{zi,\max})(P_i + \Delta P_i - P_{zi,\min}) \geqslant 0 \tag{8.4.7}$$

式中：$P_{zi,\max}$、$P_{zi,\min}$ 分别为机组 i 运行时的振动区上、下限，机组运行时应尽量避开这一运行区 $[P_{zi,\min}, P_{zi,\max}]$。

8.4.2　深度强化学习

8.4.2.1　深度强化学习

由于实时调度要求机组快速且准确地对负荷偏差量做出反应，所以本节利用基于数据驱动的算法进行分析研究。受行为主义心理学的启发，强化学习（RL）是一种基于模拟仿真的优化方法，通过与包含所有其他活跃智能体的环境进行交互，利用相互作用的智能体去寻找某一智能体的最优或接近最优的策略。基于这种进化计算方法，训练智能体通过与环境的交互来采取最优或接近最优的行为。与监督学习方法要求外部监督者提供示例策略不同，基于 RL 的学习过程通过一个动态环境的交互和分析早期决策的反馈来进行。

强化学习（RL）过程见图 8.4.1。图 8.4.1 中，环境和智能体构成了 RL 的基本框架。智能体以获得最大的长期奖励值为目标，且根据一定的策略选择一个动作并作用于环境，最终决定在遇到每个状态时采取什么动作。强化学习的目的是学习系统从环境到行为的映射，从而优化目标价值函数。

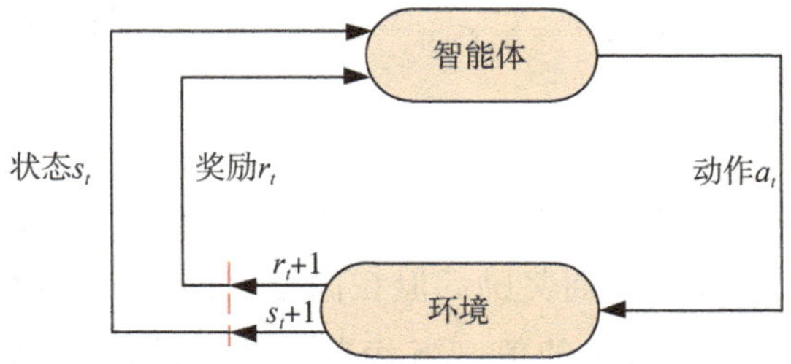

图 8.4.1　强化学习过程示意图

在构建基于 RL 基础理论的水电站实时优化调度模型时，需要结合强化学习和水电站实时优化调度问题的主要特点定义状态集 S、行为集 A 以及强化学习算法中合理的奖励矩阵 R，将其转换为马尔科夫决策过程。其中奖励矩阵的定义是算法的核心和关键。具体来说，在水电站厂内实时优化调度这一问题中，状态集 S 可以定义为从 0 到最大出力 $P_{i,\max}$ 的 5% 的 N 个离散的出力偏差量，所以状态集 S 在每个时段中都包含 N 个状态；行为集 A 可以定义为水电站在确定机组组合下离散出力偏差量 ΔP_i；然后根据前述已定义完成的状态集 S 和动作集 A 以及水电机组的耗量特性，完成奖励矩阵 R 中的各元素值 $r_t(s_t, s_{t+1}, a_t)$ 的定义工作，$r_t(s_t, s_{t+1}, a_t)$ 表示在 t 时段状态 s_t 下随机采取动作 a_t 更新到 $t+1$ 时段的状态所获得的奖励值。

深度学习(DL)是一种基于人工神经网络的特征提取优化方法,它由一系列的非线性单元来实现输入与输出的直接映射关系。下层的输出作为上层输入,依据反向传播算法进行训练,自动地从海量数据中挖掘出有用的特征信息。作为一种数据驱动的方法,它考虑了复杂的环境因素,有助于解决非线性问题。

深度强化学习(DRL)将 DL 和 RL 相结合,引入神经网络以端到端的方式直接表达和优化价值函数、策略或环境模型。DRL 可以充分利用高维原始输入数据进行模式提取和模型构建;此外,它还可以作为策略控制的基础。与传统的强化学习相比,深度强化学习有效提高了大规模学习问题的训练速度,阿尔法狗(AlphaGo)的成功便归功于这种改进的算法。

8.4.2.2　深度 Q 学习算法

深度 Q 学习算法是强化学习中最常用的方法,在深度 Q 学习算法中,每个状态-动作对应的 Q 值(每个状态下选择的每个动作的值)存储在一张表格中,称作 Q 表,并通过随机梯度下降方法进行更新。

$$Q(s_t,a_t) \leftarrow Q(s_t,a_t)+\alpha[r_{t+1}+\gamma \max_{a'} Q(s_{t+1},a')-Q(s_t,a_t)] \tag{8.4.8}$$

在式(8.4.8)中,α 是步长控制因子,$r_{t+1}+\gamma \max Q(s_{t+1},a')$是通过在状态 s_t下执行动作 a_t可以获得的预期奖励。但在高维空间中,智能体的遍历速度太慢,无法分别学习各个状态的值。当状态空间或动作空间处于高维时,Q-learning 算法变得不现实。

为了克服这个问题,文献提出了值函数逼近法。通过调整参数 θ,使函数基于一定策略逼近值函数,如式(8.4.9)所示。

$$Q(s_t,a_t;\theta) \approx Q(s_t,a_t) \tag{8.4.9}$$

通过这种方法,任务转化为求解目标函数中的参数 θ:

$$L(\theta)=E[(r_{t+1}+\gamma \max_{a'} Q(s_{t+1},a';\theta^-)-Q(s_t,a_t;\theta))^2] \tag{8.4.10}$$

采用随机梯度下降法逐步更新参数 θ,使得目标函数收敛到最小值。

如图 8.4.2 所示,DQN 的值函数利用神经网络逼近,参数 θ 为神经网络中每层的网络权重,与表格型 Q-learning 算法不同的是,DQN 对值函数更新的是参数 θ,而不是 Q 表,参数更新公式如下:

$$\theta_{t+1}=\theta_t+\alpha\left[r_{t+1}+\gamma\max_{a'}Q(s_{t+1},a';\theta^-)-Q(s_t,a_t;\theta)\right]\nabla Q(s_t,a_t;\theta) \tag{8.4.11}$$

这样，DQN 值函数的更新过程则转变为监督学习的一次更新过程。

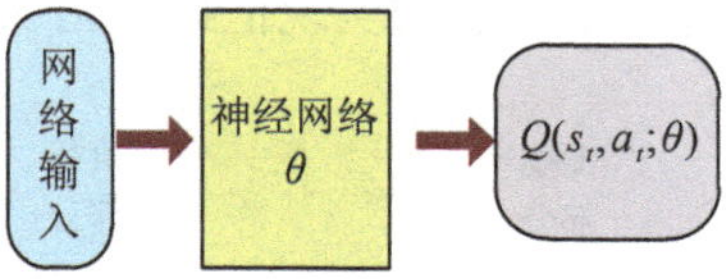

图 8.4.2　DQN 值函数逼近网络

DQN 对 Q-learning 算法的改进主要体现在三个方面：

(1) 值函数用深度神经网络逼近而不是 Q 表；

(2) 建立经验记忆回放池，利用经验回放训练 Agent 的强化学习过程；

(3) 单独设置目标 Q 网络用于计算 TD 偏差；

其算法伪代码如表 8.4.1 所示。

表 8.4.1　DQN 算法具体流程

DQN 算法伪代码

1. **参数初始化**
• 随机初始化一个状态 s，初始化经验记忆池 D，并设置其容量为 N；
• 构建 Q 网络和目标 Q 网络，Q 网络随机权值 θ 初始化，令目标 Q 网络权值 $\theta^-=\theta$；
• 初始化步长因子 α，折扣因子 γ；
• 初始化迭代训练次数 M。
2. **循环**
while 没有达到停止准则 do
(1) 根据 ε-greedy 策略选择一个动作 a；
(2) 执行动作 a，得到即时奖励 r、下一状态 s' 和是否为终止状态变量 done、参数；
(3) 保存{s, a, r, s', done}到经验记忆池 D；
(4) 如果经验记忆池 D 中的数据 $\geqslant N$：
• 在 D 中随机抽取小批量数据作为训练样本；
• 将所有训练样本的 s' 作为 Q 网络的输入值，得到状态 s' 下每个动作的 q 值；
• 根据式(8.4.8)计算出 q 值相对应目标 Q 网络的 target_q 值；
• 使用 q 值与 target_q 值应用梯度下降算法训练 Q 网络，每隔 C 步更新一次目标 Q 网络，即令 $\theta^-=\theta$；
(5) 判断式(8.4.8)是否为终止状态：
① done=True，初始化状态 s。
② done=False，则当前状态 $s\to s'$。
end while

8.4.3 基于深度强化学习的水电站厂内实时优化运行

RL 或 DRL 的主要优点是模型能从离线环境中学习，并能适应动态环境。在使用离线数据对模型进行完全训练后，可以在实时环境中在线利用该模型。在决策和控制中应用的算法的实现框架如图 8.4.3 所示。

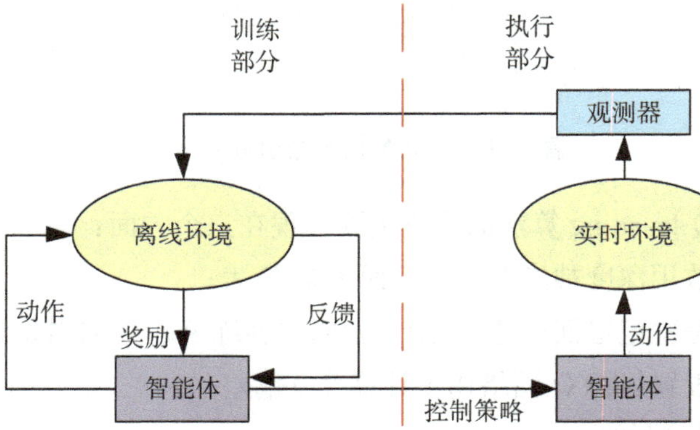

图 8.4.3 RL 优化决策与控制框架

该框架包括两个部分：训练部分和执行部分。训练部分是本节的主要研究内容。训练部分监督知识的学习，执行部分将学到的知识付诸实践，以便在实时的物理环境中做出优化决策。如果发生紧急情况，智能体将与新环境进行交互。通过行为的调整，智能体逐渐增加获得的报酬，恢复优化效果。

如上所述，智能体、环境、奖励和动作是强化学习的四个基本部分。此外，还将根据这四个部分对算法实现的细节进行说明，总体架构如图 8.4.4 所示。

通过一个学习过程，智能体找出一组能够影响环境的最优行为。智能体必须能够产生建模者定义的可容许的行为集合中包含的任何行为（例如，水电机组的发电流量的不同），并能够感知其行动的反馈。反馈是智能体改进其决策的唯一指导。环境由智能体可以访问的一组状态定义。学习的目的是找出每种状态下的最优行为。例如，在水电站实时优化运行中，智能体可以是做出调整机组出力的调度员，日前调度计划和实时负荷的偏差量可以看作是环境。在这种情况下，学习的目标是根据运行目标（如水电利润最大化、预期耗水量最小化等）和约束（如机组出力约束、发电流量上下限约束等）找到给定实时偏差量下最佳的机组调整出力策略。

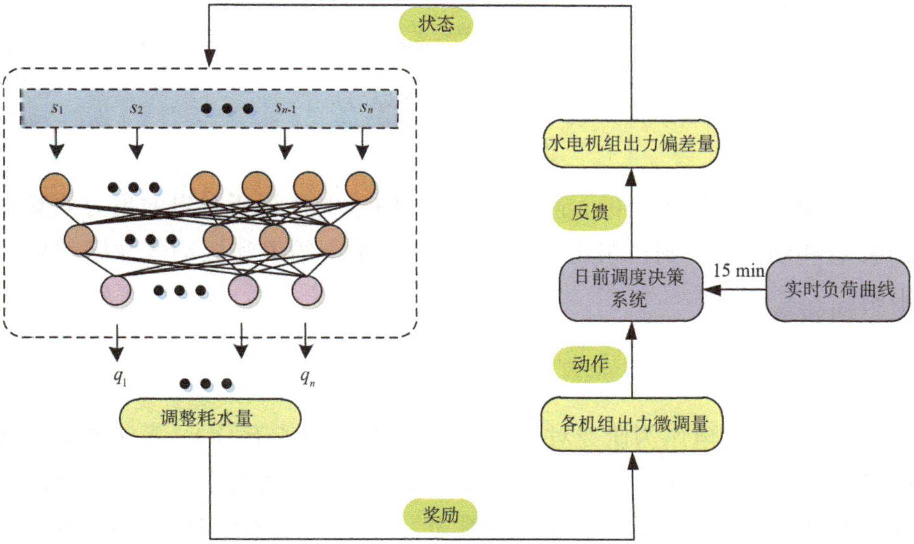

图 8.4.4　基于深度强化学习的水电站实时优化运行总体架构图

(1) 智能体

水电站的调度员或者自动发电控制系统可以看作是一个智能体，从环境中学习选择行动，以使未来的回报最大化。在水电站实时优化运行中，利用该智能体可以实现发电机组出力的调整，在上述算法设计中，优化决策高度依赖于环境和奖励。

(2) 环境

水电站实时优化运行中的环境是指动态的水电机组出力偏差量。每 15 min实时调整一次，也即状态改变一次。环境由智能体可以访问的一组状态定义。学习的目的就是找出每个水电机组出力偏差量下的最优出力调整量，使得水电机组的耗水量最小。

(3) 奖励

奖励或反馈是强化学习算法的关键。通常可以通过一个合理的价值函数引导智能体向“正确的方向”前进，本节价值函数的设置主要基于式(8.4.3)。此外，由于价值函数是耗水量的最小化，所以在考虑智能体得到的回报时设计为价值函数的相反数。该策略的目标是智能体获得的奖励越大，在水电站实时优化中机组的耗水量就越少。智能体通过获得奖励，一步一步向目标函数靠近，具体如下式所示。

$$\begin{cases} \max R = \sum_{i=1}^{N} r(i) \\ r(i) = -\Delta Q_i \end{cases} \tag{8.4.12}$$

(4) 动作

智能体所做出的动作可定义为运行中的水电机组所做出的出力调整量 Δp_i，这些动作要受到机组出力上下限、负荷平衡约束和振动气蚀区约束的限制。

8.4.4 实例分析

以我国某水电站为研究对象，应用本节提出的基于 DQN 算法的水电站厂内实时调度方法进行水电站厂内实时优化运行问题的求解。电站总装机容量为 500 MW，安装有 4 台单机容量为 125 MW 的发电机组。最大水头和最小水头分别为 139 m 和 91 m。

8.4.4.1 DQN 算法训练

深度强化学习算法主要基于深度神经网络构建，所以网络结构直接决定了算法的性能。本节算例中的神经网络，建立了三个隐藏层，分别设置神经元个数为 128、128、672，两个整流线性单元 ReLU 和一个 Sigmoid 函数作为神经网络的激活函数。DQN 深度强化学习算法的超参数如表 8.4.2 所示。

表 8.4.2 DQN 算法的超参数

参数	数值
迭代训练次数 M	5 000
步长因子 α	0.01
折扣因子 γ	0.95
经验记忆池容量 N	20 000
训练频率 n	5
训练批次数 m	32

本节选取该水电站一周 15 min 级数据作为神经网络的训练样本，首先根据机组组合对训练样本进行分类预处理，为保证训练效果，应用 DQN 算法对智能体训练 5 000 次，不同机组组合下每一次训练所对应的平均奖励变化曲线如图 8.4.5 所示。

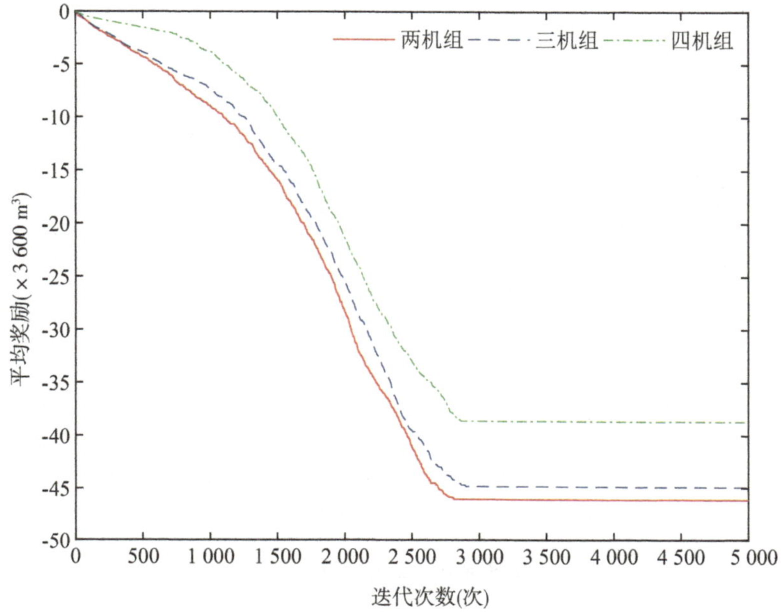

图 8.4.5　DQN 算法平均奖励变化曲线

由图 8.4.5 可以看出，当设置迭代训练次数 M 为 5 000 次时，智能体均能可靠收敛，这表明智能体通过学习逐渐适应环境，并获得更多回报，一开始有很多随机选择，经过多次迭代，智能体学会选择接近优化目标的收敛趋势和可能性，DQN 算法取得了良好的训练效果。同时图 8.4.5 也表明，不同机组组合下训练效果不同，四台机组运行时的调节耗水量要小于两台机组和三台机组运行时的调节耗水量，但不同机组组合情况下收敛效果大致相同，均在迭代 2 800 次左右达到其最优解。

8.4.4.2　DQN 算法性能测试

智能体在所搭建的实时调度环境中训练完成后，便可以根据实时状态(负荷曲线与日前发电计划的实时出力偏差量)，来决策水电机组的出力微调量。

为验证智能体在随机环境下运行的有效性，选取某日负荷曲线(图 8.4.6)和水电机组日前出力(图 8.4.7)，并叠加随机负荷偏差量模拟随机变化的调度环境，最大负荷偏差量按 5% $P_{i,\max}$ 考虑。针对时段 1、时段 7 和时段 13 随机偏差进行 5 次决策，结果如表 8.4.3 所示。

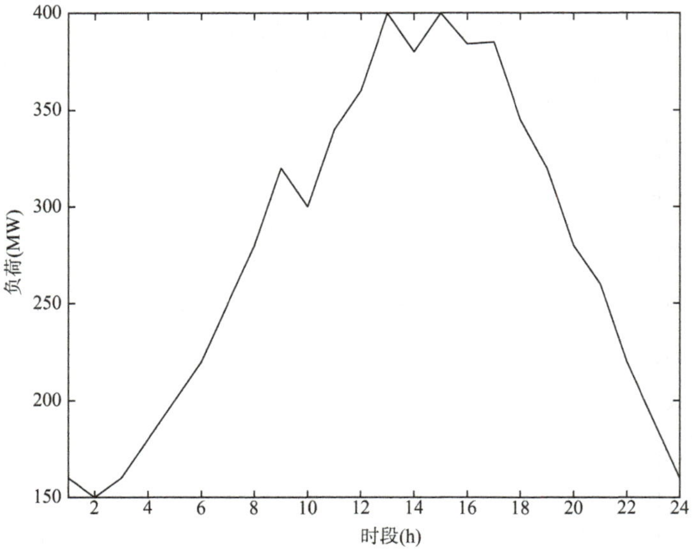

图 8.4.6　日调度负荷曲线

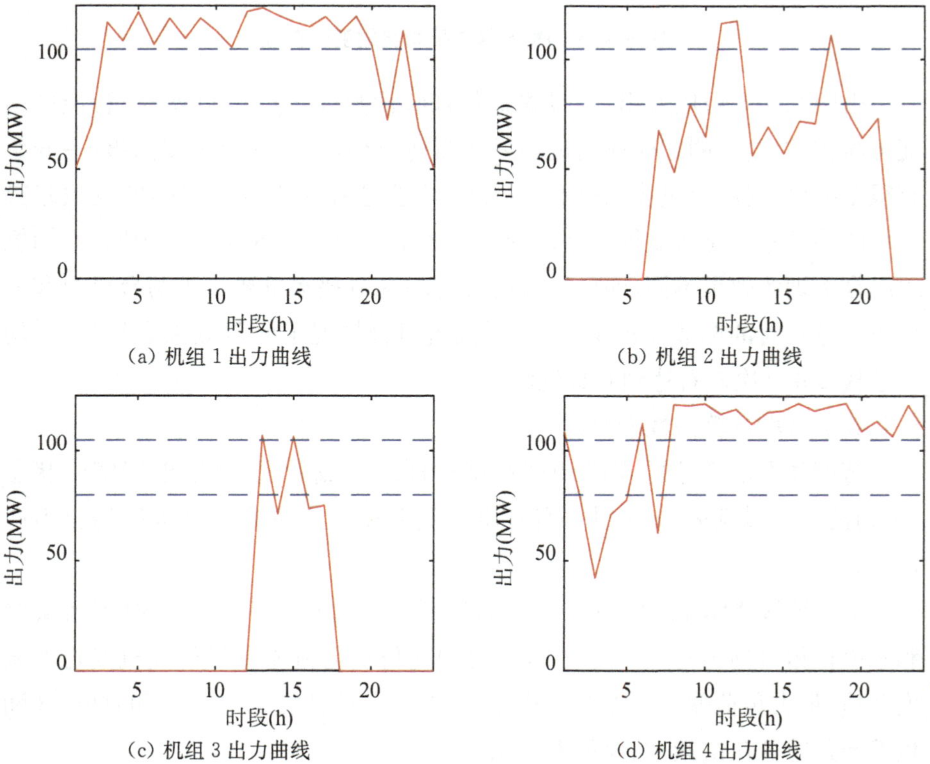

图 8.4.7　机组日前出力计划

表 8.4.3　机组出力偏差量决策结果

时段	偏差(MW)	机组 1	机组 2	机组 3	机组 4
1	4	3.86	0	0	0.14
	3	2.87	0	0	0.13
	3	2.87	0	0	0.13
	2	1.25	0	0	0.74
	4	3.86	0	0	0.14
7	3	0.21	2.52	0	0.27
	3	0.21	2.52	0	0.27
	5	4.24	0.5	0	0.26
	2	0.17	1.27	0	0.56
	4	3.34	0.54	0	0.03
13	3	1.92	0.62	0.37	0.09
	4	0.68	0.04	3.21	0.07
	2	1.51	0.21	0.26	0.02
	0	0	0	0	0
	5	0.12	0.85	4.03	0

由表 8.4.3 可知，在日前机组组合确定的情况下，智能体可以依照累积奖励的大小，在随机环境中根据日前出力计划和实时负荷偏差来决定各机组的最优偏差量调整，以满足环境的实时变化。当所作决策不能满足出力及振动区约束条件时，智能体会根据累计奖励选择次优决策，以确保水电机组的安全可靠运行。

为验证智能体在应对突发情况时的有效性，人为设置时段 1 内某时刻偏差量 $\Delta P_L=7$ MW，观察智能体在未知环境下所做出的决策，结果如表 8.4.4所示。

表 8.4.4　未知环境下智能体偏差量决策结果

调整次数	剩余偏差量(MW)	机组 1	机组 2	机组 3	机组 4
第一次调整	2	0.12	0.85	4.03	0
第二次调整	0	1.51	0.21	0.26	0.02

由表 8.4.4 可知，当智能体在面对未知的环境时，会依据其学习到的先验知识对机组偏差量进行多次调整，直至当前状态为最终状态，即剩余偏差量为 0 MW。此外，当智能体在与该环境交互过程中逐渐适应未知环境后，会将

其作为学习到的知识保存起来，以改进自身策略，应对未知环境的变化，从而完成智能体的自我学习和自我进化。

8.4.4.3　结果分析

为分析 DQN 算法在解决水电站厂内实时调度问题时的高效性，本节采用遗传算法(GA)与之对比。在日前出力计划和机组组合确定的情况下，设置预测偏差，分别应用 DQN 算法和 GA 算法对单时段实时调度进行求解，对比两种算法的耗水量大小和求解时间如表 8.4.5、表 8.4.6 所示。

表 8.4.5　DQN 算法与 GA 算法偏差耗水量比较

求解算法	偏差量(MW)	机组 1	机组 2	机组 3	机组 4	偏差耗水量 (×3 600 m^3)
GA	5	2.1	0	0	2.9	43.89
DQN	5	4.26	0	0	0.74	6.19
GA	5	0.322	1.9	2.67	0.107	21.917
DQN	5	0.12	0.85	4.03	0	4.862
GA	3	0.116 6	0	0	2.883 4	55.144
DQN	3	2.87	0	0	0.13	2.631 4

表 8.4.6　DQN 算法与 GA 算法求解时间比较

求解算法	训练时间(s)	决策时间(s)
GA	—	12.627
DQN	167.324	0.233

由表 8.4.5 和表 8.4.6 可知，在日前出力计划和机组组合一定的情况下，根据预测偏差，DQN 算法调整机组出力后，偏差耗水量比 GA 算法有显著减少，也即 DQN 算法所做出的决策更优，这是因为 DQN 算法是数据驱动型算法，它可以通过与当前环境的交互，在自己的记忆库中迅速搜索最优的决策出力偏差，而遗传算法解算时则需要依赖于种群的规模和质量以及遗传变异等操作，增加了问题的复杂度和求解时间。同时由表 8.4.6 可知，DQN 算法的训练时间大于其决策时间，因此在实际工程应用中可以采用线下训练、线上决策的方式来避免算法训练对决策效率的影响。

8.5　小结

本章介绍了几种数据驱动的水电站的负荷分配模型及求解方法，应用随机森林、GRU 置信网络、深度置信网络三种方法求解水电站负荷分配，用深度强化学习算法优化水电站实时运行问题。

与传统机组负荷分配的求解方法相比，基于数据驱动的机组负荷分配方法所建立的决策模型，利用历史数据和历史决策进行训练，构建输入和输出量之间的映射关系，并且能够随着时间的推移不断进行修正，避免了物理模型确定后修改困难的问题。同时，面对未知情况进行预测时，机器学习模型能够根据历史数据做出可靠度较高的决策。因此，随着时间的推移，训练样本不断增加，模型的预测准确度不断提高，可靠性稳步提升。

第 9 章 总结

本书按水光出力特性—水光互补系统中长期优化调度—水光互补系统调度图—水光互补系统短期优化调度—水电站负荷分配的顺序，较为系统地介绍了水光互补系统的调度与运行。书中在国内外学者研究成果和进展的基础上，依托团队研究成果，提出了传统最优化方法、群智能算法和机器学习方法相结合的改进模型，并运用实例加以验证，具有一定参考价值。

首先，讲述水光互补系统的出力特性与光伏场景的聚类与缩减。建立了水电和光伏出力计算模型，在年内、月内及日内的时间尺度下，从水光资源和水光发电特性的相关性来分析水光出力的互补特性；创新性地引入了指标：需调、可调和临界出力。将上述的指标与各时间尺度的水光出力有机结合起来，从而探究水光日内、月内及年内的水光互补机理。针对传统 K-means 算法需人为确定聚类个数、对初始聚类中心敏感的缺陷，提出改进 K-means 算法；提出场景削减有效性指标，采用 SBR 算法进行场景削减。最后通过实例验证基于 K-means 与 SBR 下的场景聚类与削减模型所得典型光伏出力样本，更接近簇类中整体样本的出力趋势与轮廓特征。

其次，进行水光互补系统中长期调度与调度图分析。建立中长期的调度模型并进行求解，与水光独立运行相比，在长时间尺度上水光互补运行会影响水库水位消落时机，使水库水位在枯期提前消落；提出按照来水频率分组绘制水光互补优化调度图的方法。按照预报条件下汛期不同的来水频率分组，在来水偏丰的年份，汛期以防弃水为调度原则，在平水年、偏枯年时，汛期考虑光伏全部消纳，以水电月临界出力为控制，制定汛期水库水位上、下基本调度线，指导汛期不同来水频率的水光互补调度；枯期按基地保证出力制定基地上、下基本调度线，给出了水光互补调度图应用策略，指导枯期水光互补系统的调度。

针对水光互补系统短期优化调度，提出了四组厂网多目标函数与六组调峰运行评价指标，构建了多目标下梯级水光互补调峰运行模型，并采用改进粒子群算法进行计算。通过比较不同多目标函数在不同水光场景下的调峰指标以及梯级负荷分配结果，选出最佳多优化目标。此外，还建立了基于IG-SA的短期调度数学模型。针对水光互补系统调峰需求，从电网侧考虑，建立了系统未分配负荷最小优化调度模型。结果表明，改进后算法的求解时间缩短了约50%，计算精度明显提高；水光互补系统未分配负荷最大不超过外界总负荷的5%。

最后，介绍了基于动态规划的负荷分配和基于数据驱动的水电站负荷分配方法。在基于动态规划的负荷分配中，构建了考虑机组出力波动约束的双层智能寻优模型，外层DP模型负责分配中运行约束与机组振动区约束下的机组组合选择，内层IBBO模型通过改进迁移模型与迁移算子实现算法收敛能力与寻优能力的提升，同时提出机组出力波动约束与出力波动评价指标，实现负荷分配优化。实例结果表明基于IBBO-DP的负荷分配模型可达到对耗水量6.516 3%的平均优化程度，避免1～21次的振动区穿越，对机组出力波动的平均优化幅度可达44.5%，有效提升机组负荷分配过程中的经济性与安全性。

此外，基于改进的LSTM提出了水轮机流量特性曲线的精细化拟合方法。利用真机运行数据作为神经网络训练数据，采用IPSO确定神经网络相关训练参数；提出了四个机组负荷分配评价指标，并利用动态规划-引力搜索算法求解水电站短期调度模型。结果表明，深层网络的预测与拟合结果优于浅层网络；动态规划和改进引力搜索算法相结合的方法求解速度更快，精度更高；各项评价指标能够清楚地反映在不同光伏出力条件下，水电机组的运行状态，为机组负荷合理分配提供了依据。

在基于数据驱动的水电站负荷分配中，分别建立了基于随机森林、门控循环单元和深度置信网络的水电站机组负荷分配模型。利用聚类分析对训练数据进行分类，对于每一类分别建立各自的网络模型，并对网络重要参数进行寻优。结果表明，随机森林方法得到的预测结果与传统方法基本一致，准确率达到80%以上；而门控循环单元网络模型得到的结果与传统方法有一定的差距，但随着训练样本的不断增加，预测精度越来越高。基于深度置信网络的水电站负荷分配模型在耗水量和机组振动区穿越次数方面均实现了一定程度的优化。

针对水电站厂内实时优化调度问题，提出了一种基于深度强化学习算法的解决方案。基于深度强化学习算法训练出来的智能体可以依照累积奖励的大小，在随机环境中根据日前出力计划和实时负荷偏差来决定各机组的最优偏差量调整，以满足环境的实时变化；当智能体在面对未知的环境时，会依据其学习到的先验知识对机组偏差量进行多次调整，直至当前状态为最终状态；算法的训练时间大于其决策时间，因此在实际工程应用中可以采用线下训练、线上决策的方式来避免算法训练对决策效率的影响。

总的来说，在水光互补系统优化调度与经济运行过程中，与物理、统计模型相比，应用机器学习、智能算法的智能模型具有更强的自适应、自学习能力，具有更高的计算速度、更加精确的预测效果，更加适用于水光互补系统优化调度与经济运行这一大规模多维、多目标、多阶段的非线性规划问题。本书所介绍的优化模型从市场、电网负荷需求、上下游水力安全、电力联系等多个角度考虑，协同考虑了光伏出力、水电站水头、流量和出力等诸多不确定性因素，探索出满足新型电力系统背景下水光互补系统优化调度和经济运行问题的多目标算法，充分发挥了水光互补系统最大的综合效益。尤其是提出的群智能算法的应用，实现了整个解空间上的分布式信息探索、采集和继承，具有强大的全局最优解搜索能力，为求解大型水光互补系统调度问题提供了具体解决方法。

但是，在研究过程中，我们也清楚地认识到目前水光互补系统优化调度的研究还多集中在理论层面，真正落地应用的调度系统还是少数。随着“十四五”规划多能互补基地的大力建设，兼具完备的数据库系统、专家知识库、模型库系统和人际交互功能的智能调度决策系统建设势在必行。为此，还需继续探索机器学习、云计算技术、大数据挖掘等前沿新兴技术，为水光互补调度系统的有效决策提供硬件和软件保障。

参考文献

[1] 明波. 大规模水光互补系统全生命周期协同运行研究[D]. 武汉:武汉大学, 2019.

[2] 张扬科. 区域光伏功率预测及水光互补短期调度方法研究[D]. 大连:大连理工大学,2021.

[3] 水电水利规划设计总院. 中国可再生能源发展报告 2021[M]. 北京:中国水利水电出版社,2022.

[4] 郭敏晓, 杨宏伟. "十三五"能源与环境形势及"十四五"展望 [J]. 中国能源, 2021, 43(3): 19-23,58.

[5] 冯垛生, 张淼, 赵慧,等. 太阳能发电技术与应用 [M]. 北京: 人民邮电出版社, 2009.

[6] Yang H, Yu Q, Liu J, et al. Optimal wind-solar capacity allocation with coordination of dynamic regulation of hydropower and energy intensive controllable load[J]. IEEE Access, 2020(8): 110129-110139.

[7] 张玉胜. 水电互补型清洁能源系统容量配置与优化运行研究[D]. 天津:天津大学, 2020: 157.

[8] Silverio N M, Barros R M, Tiago Filho G L, et al. Use of floating PV plants for coordinated operation with hydropower plants: Case study of the hydroelectric plants of the So Francisco River basin[J]. Energy Conversion and Management, 2018, 171: 339-349.

[9] 郭田潇. 水光互补对梯级水电站短期运行的影响及适应性策略研究[D]. 天津:天津大学,2019.

[10] 陈炜,艾欣,吴涛,等. 光伏并网发电系统对电网的影响研究综述[J]. 电力自动化设备,2013,226(2):26-32,39.

[11] 陈文伯，李灿，姚李孝. 梯级水电站与光伏电站的联合优化运行[J]. 电网与清洁能源，2017，33(8)：113-117.

[12] Lu L, Yuan W, Su C, et al. Optimization model for the short-term joint operation of a grid-connected wind-photovoltaic-hydro hybrid energy system with cascade hydropower plants[J]. Energy Conversion and Management, 2021, 236: 114055.

[13] Apostolopoulou D, De Greve Z, McCulloch M. Robust optimization for hydroelectric system operation under uncertainty[J]. IEEE Transactions on Power Systems, 2018, 33(3): 3337-3348.

[14] Bekele G, Tadesse G. Feasibility study of small hydro/PV/wind hybrid system for off-grid rural electrification in Ethiopia[J]. Applied Energy, 2012, 97: 5-15.

[15] Meshram S, Agnihotri G, Gupta S. Power management strategy for active power sharing in hydro/PV/battery hybrid energy system[J]. Chinese Journal of Engineering, 2013(9): 1-7.

[16] Li H, Zhang J, Campana P E, et al. Economic optimization of photovoltaic water pumping systems for irrigation[J]. Energy Conversion and Management, 2015, 95: 32-41.

[17] Beluco A, de Souza P K, Krenzinger A. A method to evaluate the effect of complementarity in time between hydro and solar energy on the performance of hybrid hydro PV generating plants[J]. Renewable Energy, 2012, 45: 24-30.

[18] Wang X, Virguez E, Xiao W, et al. Clustering and dispatching hydro, wind, and photovoltaic power resources with multiobjective optimization of power generation fluctuations: A case study in southwestern China[J]. Energy, 2019, 189: 116250.

[19] Howlader H, Sediqi M M, Ibrahimi A M, et al. Optimal thermal unit commitment for solving duck curve problem by introducing CSP, PSH and demand response[J]. IEEE Access, 2018(6): 4834-4844.

[20] Li H P, Zang C Z, Zeng P, et al. Scenario-based stochastic programming strategy for microgrid energy scheduling considering uncertainties[J]. Applied Mechanics and Materials, 2014, 672-674.

[21] Delgado-Antillón C P, Domínguez-Navarro J A. Probabilistic siting and sizing of energy storage systems in distribution power systems based on the islanding feature[J]. Electric Power Systems Research, 2018, 155: 225-235.

[22] Maleki A, Pourfayaz F, Hafeznia H, et al. A novel framework for optimal photovoltaic size and location in remote areas using a hybrid method: A case study of eastern Iran[J]. Energy Conversion and Management, 2017, 153: 129-143.

[23] Francois B, Borga M, Creutin J, et al. Complementarity between solar and hydro power: Sensitivity study to climate characteristics in Northern Italy[J]. Renewable Energy, 2016, 86: 543-553.

[24] Kusakana K. Hybrid DG-PV with groundwater pumped hydro storage for sustainable energy supply in arid areas[J]. Journal of Energy Storage, 2018, 18: 84-89.

[25] Li Y, Gao W, Ruan Y, et al. The performance investigation of increasing share of photovoltaic generation in the public grid with pump hydro storage dispatch system, a case study in Japan[J]. Energy, 2018, 164: 811-821.

[26] 许晓艳. 并网光伏电站模型及其运行特性研究 [D]. 北京:中国电力科学研究院, 2009.

[27] 韩晓言,丁理杰,陈刚,等. 梯级水光蓄互补联合发电关键技术与研究展望[J]. 电工技术学报,2020,35(13):2711-2722.

[28] 温正楠,刘继春. 风光水互补发电系统与需求侧数据中心联动的优化调度方法[J]. 电网技术,2019,43(7):2449-2460.

[29] 叶林,屈晓旭,么艳香,等. 风光水多能互补发电系统日内时间尺度运行特性分析[J]. 电力系统自动化,2018,42(4):158-164.

[30] 李建林,郭斌琪,牛萌,等. 风光储系统储能容量优化配置策略[J]. 电工技术学报,2018,33(6):1189-1196.

[31] 袁红亮. 龙羊峡水光互补发电特性及其影响分析[D]. 西安:西安理工大学,2018.

[32] 钱梓锋,李庚银,安源,等. 龙羊峡水光互补的日优化调度研究[J]. 电网与清洁能源,2016,32(4):69-74.

[33] 张丽琴,谢俊,张秋艳,等.基于 Shapley 值抽样估计法的风-光-水互补发电增益分配方法[J].电力自动化设备,2021,41(9):126-132.

[34] 朱燕梅,陈仕军,马光文,等.计及发电量和出力波动的水光互补短期调度[J].电工技术学报,2020,35(13):2769-2779.

[35] Deng Z, Xiao J, Zhang S, et al. Economic feasibility of large-scale hydro-solar hybrid power including long distance transmission[J]. Global Energy Interconnection, 2019, 2(4): 290-299.

[36] 王子伊,王玮,马伟,等.梯级水光蓄互补发电系统实时协调控制策略[J].电网技术,2021,45(3):871-881.

[37] 万家豪,苏浩,冯冬涵,等.计及源荷匹配的风光互补特性分析与评价[J].电网技术,2020,44(9):3219-3226.

[38] 明波,黄强,王义民,等.水-光电联合运行短期调度可行性分析[J].太阳能学报,2015,36(11):2731-2737.

[39] 陈文伯.梯级水电站—光伏电站联合优化调度的研究[D].西安:西安理工大学,2017.

[40] 刘涛.雅砻江下游风光出力模拟与多能互补短期优化调度[D].西安:西安理工大学,2021.

[41] 沈筱,方国华,谭乔凤,等.风光水发电系统联合调度规则提取[J].水力发电,2020,46(5):114-117,126.

[42] 纪昌明,周婷,王丽萍,等.水库水电站中长期隐随机优化调度综述[J].电力系统自动化,2013,37(16):129-135.

[43] 刘攀,郭生练,郭富强,等.清江梯级水库群联合优化调度图研究[J].华中科技大学学报(自然科学版),2008,36(7):63-66.

[44] 石萍,纪昌明,李继伟,等.基于规律的多年调节水库年末消落水位预测模型[J].水力发电学报,2014,33(2):58-64.

[45] 黄炜斌,马光文,王和康,等.混沌粒子群算法在水库中长期优化调度中的应用[J].水力发电学报,2010,29(1):102-105.

[46] Yang Z, Liu P, Cheng L, et al. Deriving operating rules for a large-scale hydro-photovoltaic power system using implicit stochastic optimization[J]. Journal of Cleaner Production, 2018, 195: 562-572.

[47] Singh R, Banerjee R. Impact of large-scale rooftop solar PV integration: An algorithm for hydrothermal-solar scheduling (HTSS)[J].

Solar Energy, 2017, 157: 988-1004.
[48] Li F F, Qiu J. Multi-objective optimization for integrated hydro-photovoltaic power system[J]. Applied Energy, 2016, 167: 377-384.
[49] Li H, Liu P, Guo S, et al. Long-term complementary operation of a large-scale hydro-photovoltaic hybrid power plant using explicit stochastic optimization [J]. Applied Energy, 2019, 238: 863-875.
[50] Opan M, Ünlü M, Özkale C, et al. Optimal energy production from wind and hydroelectric power plants[J]. Energy Sources, 2019, 41 (13-18): 2219-2232.
[51] Liu W, Zhu F, Chen J, et al. Multi-objective optimization scheduling of wind-photovoltaic-hydropower systems considering riverine ecosystem[J]. Energy Conversion & Management, 2019, 196: 32-43.
[52] Tan Q F, Wen X, Fang G H, et al. Long-term optimal operation of cascade hydropower stations based on the utility function of the carryover potential energy[J]. Journal of Hydrology, 2020, 580: 124359.
[53] Glasnovic Z, Margeta J. The features of sustainable solar hydroelectric power plant[J]. Renewable Energy, 2009, 34(7): 1742-1751.
[54] Tan Q, Wen X, Sun Y, et al. Evaluation of the risk and benefit of the complementary operation of the large wind-photovoltaic-hydropower system considering forecast uncertainty[J]. Applied Energy, 2021, 285(64): 116442.
[55] 王开艳，罗先觉，贾嵘，等. 充分发挥多能互补作用的风蓄水火协调短期优化调度方法[J]. 电网技术，2020，44(10)：3631-3641.
[56] 赵珍玉，张一，李刚，等. 风电并网条件下的梯级水电站长期优化调度[J]. 水力发电学报，2020，39(12)：62-75.
[57] Fang W, Huang Q, Huang S, et al. Optimal sizing of utility-scale photovoltaic power generation complementarily operating with hydropower: A case study of the world's largest hydro-photovoltaic plant[J]. Energy Conversion & Management, 2017, 136: 161-172.
[58] 张歆蒴，陈仕军，曾宏，等. 基于源荷匹配的异质能源互补发电调度[J]. 电网技术，2020，44(9)：7.
[59] Wang X, Chang J, Meng X, et al. Short-term hydro-thermal-wind-

photovoltaic complementary operation of interconnected power systems [J]. Applied Energy, 2018, 229: 945-962.

[60] Apostolopoulou D, Mcculloch M. Optimal short-term operation of a cascaded hydro-solar hybrid system: A case study in Kenya[J]. IEEE Transactions on Sustainable Energy, 2019, 10(4): 1878-1889.

[61] 明波,黄强,王义民,等. 水-光电联合运行短期调度可行性分析[J]. 太阳能学报,2015,36(11):2731-2737.

[62] 魏宏阳. 基于改进萤火虫算法的水光互补优化调度研究 [D]. 西安:西安理工大学, 2017.

[63] 丁航. 基于模拟退火粒子群算法的水光互补短期优化调度研究 [D]. 西安:西安理工大学, 2017.

[64] 王新奇. 不同运行模式下的水光互补系统短期优化调度研究 [D]. 郑州:郑州大学, 2021.

[65] 马靖宇,刘继春. 电力市场下计及负荷匹配和检修损失的水光互补系统中长期发电计划制定方法[J]. 桂林理工大学学报,2021,41(3):644-653.

[66] 王立闯, 张蓉生, 刘泽,等. 水轮机特性曲线的三次 B 样条拟合及优化 [J]. 水电能源科学, 2011, 29(3): 137-138,191.

[67] 薛小明. 水轮机特性曲线计算机数据采集与处理 [D]. 武汉:华中科技大学, 2012.

[68] 刘志鹏. 水轮机特性曲线数据计算机一体化采集拟合与选型 [D]. 南京:河海大学, 2006.

[69] 王宜怀, 沈祖诒, 孙涌. 基于主曲线方法的水轮机特性曲线的数值拟合 [J]. 水力发电学报, 2009, 28(3): 181-186,151.

[70] 孙佳祥, 张成立, 徐连奎,等. 低比速混流式水轮机特性曲线的近似模拟 [J]. 水电能源科学, 2018, 36(7): 127-129,123.

[71] Skjelbred H I, Kong J. A comparison of linear interpolation and spline interpolation for turbine efficiency curves in short-term hydropower scheduling problems[C]// Proceedings of the 29th IAHR Symposium on Hydraulic Machinery and Systems, IAHR 2018, September 16, 2018—September 21, 2018, Kyoto, Japan, 2019. IOP Publishing Ltd.

[72] Aggidis G A, Idonis A. Hydro turbine prototype testing and genera-

tion of performance curves: Fully automated approach [J]. Renewable Energy, 2014(71): 433-441.

[73] 黄贤荣，刘德有. 利用径向基函数神经网络处理水轮机综合特性曲线 [J]. 水力发电学报，2007，26(1)：114-118.

[74] 吴嵌嵌，张雷克，马震岳. 基于工程经验和 RBF 神经网络的水轮机综合特性曲线拓展和重构 [J]. 应用基础与工程科学学报，2019，27(5)：996-1007.

[75] 李俊益，陈启卷，陈光大. 水轮机综合特性曲线 BP 神经网络拟合方法研究 [J]. 水力发电学报，2015，34(3)：182-188.

[76] 刘冬，胡晓，曾荃，等. 基于输入—输出修正的水轮机特性曲线精细化模型 [J]. 水利学报，2019，50(5)：555-564.

[77] 沈圣，黄炜斌，李基栋，等. 巨型水电站厂内经济运行及效益分析[J]. 电网技术，2015，39(9)：2478-2483.

[78] 冯仲恺，程春田，牛文静，等. 均匀动态规划方法及其在水电系统优化调度中的应用[J]. 水利学报，2015，46(12)：1487-1496.

[79] 张睿，周建中，肖舸，等. 金沙江下游梯级和三峡梯级水电站群联合调度补偿效益分析[J]. 电网技术，2013，37(10)：2738-2744.

[80] Labadie J W. Optimal operation of multireservoir systems: State-of-the-art review[J]. Journal of Water Resources Planning and Management, 2004, 130(2): 93-111.

[81] 程春田，申建建，武新宇，等. 大规模复杂水电优化调度系统的实用化求解策略及方法[J]. 水利学报，2012，43(7)：785-795，802.

[82] 王珍珍. 大型水电站厂内经济运行决策支持系统研究与实现[D]. 武汉：华中科技大学，2011.

[83] 陈国青. 基于动态振动区条件下水电机组负荷分配策略研究[D]. 北京：华北电力大学，2017.

[84] Marcelino C G, Camacho-Gómez C, Jiménez-Fernández S, et al. Optimal generation scheduling in hydro-power plants with the coral reefs optimization algorithm[J]. Energies, 2021, 14(9): 1-24.

[85] 江岳春，何钟南，刘爱玲. 基于改进 BBO 算法的风电-水电互补优化运行策略[J]. 电力系统保护与控制，2018，46(10)：39-47.

[86] Cheng Q, Ming B, Liu P, et al. Solving hydro unit commitment prob-

lems with multiple hydraulic heads based on a two-layer nested optimization method[J]. Renewable Energy, 2021, 172: 317-326.

[87] 麦紫君. 响应调峰需求的区域水电站群发电计划编制研究[D]. 武汉:华中科技大学,2018.

[88] 周冉,杨侃,郝永怀,等. 考虑空蚀振动区的水电站厂内经济运行方法研究[J]. 中国农村水利水电,2011(6):153-155.

[89] 王嘉阳,程春田,廖胜利,等. 复杂约束限制下的梯级水电站群实时优化调度方法及调整策略[J]. 中国电机工程学报,2015,35(17):4326-4334.

[90] 王永强. 厂网协调模式下流域梯级电站群短期联合优化调度研究[D]. 武汉:华中科技大学,2012.

[91] 程春田,赵志鹏,靳晓雨,等. 梯级水电站群高水头巨型机组不规则多限制区自动规避方法[J]. 水利学报,2019,50(11):1299-1310.

[92] 杨秀媛,樊新东,陈麒宇. 考虑振动区的水电厂控制策略及其在风水协同运行中的应用[J]. 中国电机工程学报,2019,39(18):5433-5441,5591.

[93] 余意,伍永刚,刘兴龙. 考虑机组穿越振动区风险的水电站 AGC 日前经济负荷分配策略研究[J]. 电网技术,2020,44(7):2673-2682.

[94] Marcos J, Marroyo L, Lorenzo E, et al. Smoothing of PV power fluctuations by geographical dispersion[J]. Progress in Photovoltaics, 2012, 20(2): 226-237.

[95] 王开艳, 罗先觉, 吴玲, 等. 清洁能源优先的风 - 水 - 火电力系统联合优化调度[J]. 中国电机工程学报,2013, 33(13): 27-35.

[96] 贺建波, 胡志坚, 仉梦林, 等. 考虑系统实时响应风险水平约束的风-火-水电力系统协调优化调度[J]. 电网技术,2014, 38(7): 1898-1906.

[97] 杨博文,赵志刚. 基于强相关因素光伏发电出力概率预测的研究[J]. 电子世界,2020(14):106.

[98] 王浩,王旭,雷晓辉,等. 梯级水库群联合调度关键技术发展历程与展望[J]. 水利学报,2019,50(1):25-37.

[99] Kern J D, Patino-Echeverri D, Characklis G W. The impacts of wind power integration on sub-daily variation in river flows downstream of hydroelectric dams[J]. Environmental Science & Technology,2014, 48(16): 9844-9851.

[100] Cassola F, Burlando M, Antonelli M, et al. Optimization of the re-

gional spatial distribution of wind power plants to minimize the variability of wind energy input into power supply systems[J]. Journal of Applied Meteorology and Climatology,2008, 47(12): 3099-3116.

[101] 彭利鸿, 余姚果, 肖小刚, 等. 华中电网风电出力波动性与典型时序场景[J]. 水电与新能源,2019, 33(11): 22-26.

[102] 丁士东, 曾平良, 邢浩, 等. 一种风光水一体化发电系统中长期多目标优化运行方法[J]. 电力科学与工程,2019, 35(11): 17-25.

[103] 王学斌. 考虑大规模新能源并网的黄河上游水电站群多尺度调度研究[D]. 西安:西安理工大学,2019.

[104] 刘永前, 王函, 韩爽, 等. 考虑风光出力波动性的实时互补性评价方法[J]. 电网技术, 2020, 44(9): 3211-3218.

[105] 黄显峰,格桑央拉,吴志远,等. 水光互补能源基地的多时间尺度优化调度[J]. 水力发电,2022,48(1):106-111.

[106] Shabani M, Mahmoudimehr J. Techno-economic role of PV tracking technology in a hybrid PV-hydroelectric standalone power system[J]. Applied Energy, 2018, 212: 84-108.

[107] 明杰. 基于场景分析的多风电场无功优化[D]. 成都:西南交通大学,2017.

[108] 陈逸轩. 多源电力系统多场景生成及规划方法研究[D]. 北京:华北电力大学,2021.

[109] 丁明,解蛟龙,刘新宇,等. 面向风电接纳能力评价的风资源/负荷典型场景集生成方法与应用[J]. 中国电机工程学报,2016,36(15):4064-4072.

[110] 白斌,韩明亮,林江,等. 含风电和光伏的可再生能源场景削减方法[J]. 电力系统保护与控制,2021,49(15):141-149.

[111] 孟银凤,杨佳宇,曹付元. 函数型数据的分裂转移式层次聚类算法[J]. 山东大学学报(工学版),2022,52(1):19-27.

[112] 赵书强,要金铭,李志伟. 基于改进 K-means 聚类和 SBR 算法的风电场景缩减方法研究[J]. 电网技术,2021,45(10):3947-3954.

[113] 郑能,丁晓群,管志成,等. 基于场景法的配电网有功-无功协调优化[J]. 电网技术,2019,43(5):1640-1651.

[114] 洪敏. 风电场出力动态场景生成方法与机组组合研究[D]. 武汉:武汉

大学,2017.

[115] 明波,郭鹏程,陈晶,等. 水光互补电站中长期随机优化调度方法评估[J]. 水电与抽水蓄能,2021,7(5):20-24.

[116] 李晓英,崔威,郭宜薇,等. 水库多级兴利调度图编制方法研究与应用[J]. 天津大学学报(自然科学与工程技术版),2022,55(3):322-330.

[117] 苏承国,王沛霖,武新宇,等. 考虑机组组合的梯级水电站短期调峰MILP模型[J]. 电网技术,2018,42(6):1883-1891.

[118] 张政,武新宇,程春田,等. 复杂约束下梯级水电站短期厂网协调多目标MILP模型[J]. 电力系统自动化,2021,45(21):197-205.

[119] 李树山,廖胜利,申建建,等. 厂网协调模式下梯级 AGC 控制策略[J]. 中国电机工程学报,2014,486(7):1113-1123.

[120] Wu H C. Applying the concept of null set to solve the fuzzy optimization problems[J]. Fuzzy Optimization and Decision Making, 2019, 18(3): 279-314.

[121] Van Hung N, Tam V M, Tuan N H, et al. Convergence analysis of solution sets for fuzzy optimization problems[J]. Journal of Computational and Applied Mathematics, 2020, 369: 112615.

[122] Chen S J, Lin L. Decomposition of interdependent task group for concurrent engineering[J]. Computers and Industrial Engineering, 2003, 44(3): 435-459.

[123] 陈贵敏,贾建援,韩琪. 粒子群优化算法的惯性权值递减策略研究[J]. 西安交通大学学报,2006,40(1):53-56,61.

[124] 郑源,陈德新. 水轮机[M]. 北京:中国水利水电出版社, 2011.

[125] Naserbegi A, Aghaie M, Minuchehr A, et al. A novel exergy optimization of Bushehr nuclear power plant by gravitational search algorithm (GSA) [J]. Energy, 2018, 148: 373-385.

[126] Paredes M, Martins L, Soares S. Using semi-definite relaxation to solve the day-ahead hydro unit commitment problem [J]. IEEE Transactions on Power Systems, 2015, 30(5): 2695-2705.

[127] 戴娟. 引力搜索算法的改进及其应用研究 [D]. 无锡:江南大学, 2014.

[128] 范炜锋. 万有引力搜索算法的分析与改进 [D]. 广州:广东工业大

学，2014.

[129] Wang X X，Mei Y D，Cai H，et al. A new fluctuation index：Characteristics and application to hydro-wind systems[J]. Energies，2016，9(2)：114.

[130] Zhang W D，Liu Z M. Simulation and analysis of the power output fluctuation of photovoltaic modules based on NREL one-minute irradiance data[C]//Proceedings of the 2013 International Conference on Materials for Renewable Energy and Environment. Chengdu：IEEE，2013：21-25.

[131] Zhao Z，Cheng C，Liao S，et al. A MILP based framework for the hydro unit commitment considering irregular forbidden zone related constraints[J]. IEEE Transactions on Power Systems：A Publication of the Power Engineering Society，2021，36(3)：1819-1832.

[132] 申乾倩. 复杂条件下梯级水电机组组合优化建模研究[D]. 大连：大连理工大学，2020.

[133] 何钟南. 基于改进生物地理学优化算法的风-水电优化运行研究[D]. 长沙：湖南大学，2018.

[134] Ma H. An analysis of the equilibrium of migration models for biogeography-based optimization[J]. Information Sciences，2010，180(18)：3444-3464.

[135] Zhao F，Qin S，Zhang Y，et al. A two-stage differential biogeography-based optimization algorithm and its performance analysis[J]. Expert Systems with Applications，2018，115：S0957417418305207.

[136] 陈道君，龚庆武，乔卉，等. 采用改进生物地理学算法的风电并网电力系统多目标发电调度[J]. 中国电机工程学报，2012，32(31)：150-158，231.

[137] 杨丽，吴雨茜，王俊丽，等. 循环神经网络研究综述[J]. 计算机应用，2018，38(S2)：1-6，26.

[138] Sun X，Fu Y，Liu T. A hybrid ACO algorithm for capacitated vehicle routing problems[C]// Proceedings of the 2nd IEEE Advanced Information Technology，Electronic and Automation Control Conference，IAEAC 2017，March 25，2017—March 26，2017，Chongqing，China. Institute of Electrical and Electronics Engineers Inc.

[139] Bengio Y, Simard P, Frasconi P. Learning long-term dependencies with gradient descent is difficult [J]. IEEE Transactions on Neural Networks, 1994, 5(2): 157-166.

[140] Graves A, Schmidhuber J. Framewise phoneme classification with bidirectional LSTM and other neural network architectures[J]. Neural Networks, 2005,18(5-6):602-610.

[141] Chang F J, Chang L C, Huang H L. Real-time recurrent learning neural network for stream-flow forecasting [J]. Hydrological Processes, 2002, 16(13): 2577-2588.

[142] 陈凯. 深度学习模型的高效训练算法研究 [D]. 合肥:中国科学技术大学, 2016.

[143] Srivastava N, Hinton G, Krizhevsky A, et al. Dropout: A simple way to prevent neural networks from overfitting [J]. Journal of Machine Learning Research, 2014, 15(1):1929-1958.

[144] Glorot X, Bengio Y. Understanding the difficulty of training deep feedforward neural networks [C]// Proceedings of the 13th International Conference on Artificial Intelligence and Statistics, AISTATS 2010, May 13, 2010—May 15, 2010, Sardinia, Italy. Microtome Publishing,2010.

[145] 孙枫皓. 基于 TensorFlow 的汽轮机转子振动分析 [D]. 吉林:东北电力大学, 2021.

[146] 郑建飞，牟含笑，胡昌华，等. 考虑多性能指标相关性的退化设备剩余寿命预测 [J]. 哈尔滨工程大学学报, 2022(5): 620-629.

[147] 张金柱，韩永亮. 基于多特征的技术融合关系预测及其价值评估 [J]. 数据分析与知识发现, 2022(2): 33-44.

[148] Guo L, Wang S. Membrane protein type prediction for high-dimensional imbalanced datasets[C]// Proceedings of the 2018 9th International Conference on Information Technology in Medicine and Education (ITME). IEEE,2018.

[149] 赵晓培. 基于数据挖掘技术的智能配电监控系统的实现 [D]. 南京:南京邮电大学, 2021.

[150] Chan J C W, Paelinckx D. Evaluation of Random Forest and Ada-

boost tree-based ensemble classification and spectral band selection for ecotope mapping using airborne hyperspectral imagery [J]. Remote Sensing of Environment, 2008, 112(6): 2999-3011.

[151] 狄萱. 基于孤立森林和随机森林的医保欺诈识别系统 [D]. 南京:南京邮电大学, 2021.

[152] 吴俊飞. 自来水厂加矾过程的实时优化控制设计 [D]. 南京:南京邮电大学, 2020.

[153] Cho K, Van Merriënboer B, Gulcehre C, et al. Learning phrase representations using RNN encoder-decoder for statistical machine translation [J]. arXiv:1406.1078, 2014.

[154] 李林. 基于 EEMD-GRU 神经网络的原油期货价格预测模型的应用研究 [D]. 北京:北京交通大学, 2021.

[155] Gai J B, Shen J X, Wang H, et al. A parameter-optimized DBN using GOA and its application in fault diagnosis of gearbox[J]. Shock and Vibration, 2020.

[156] 史佳琪. 区域综合能源系统供需预测及优化运行技术研究[D]. 北京:华北电力大学, 2019. DOI:10.27140/d.cnki.ghbbu.2019.000103.

[157] Silverv D, Huang A, Maddison C J, et al. Mastering the game of Go with deep neural networks and tree search[J]. Nature, 2016, 529 (7587): 484-489.

[158] Abhijit Gosavi. Simulation-based optimization: Parametric optimization techniques and reinforcement learning[M]. USA: Kluwer Academic Publishers, 2003.